基于CC2530的 Zigbee应用技术项目教程

主　编　梁文祯　王欢娥

副主编　龚兰芳　郑则炯

U0396340

华南理工大学出版社
SOUTH CHINA UNIVERSITY OF TECHNOLOGY PRESS
·广州·

图书在版编目（CIP）数据

基于 CC2530 的 Zigbee 应用技术项目教程/梁文祯，王欢娥主编. — 广州：华南理工大学出版社，2019.8（2023.8 重印）

ISBN 978 - 7 - 5623 - 6104 - 6

Ⅰ . ①基… Ⅱ . ①梁… ②王… Ⅲ . ①单片微型计算机-教材 Ⅳ . ①TP368. 1

中国版本图书馆 CIP 数据核字（2019）第 180255 号

Jiyu CC2530 De Zigbee Yingyong Jishu Xiangmu Jiaocheng

基于 CC2530 的 Zigbee 应用技术项目教程

梁文祯　王欢娥　主编

出 版 人：柯　宁

出版发行：华南理工大学出版社

　　　　　（广州五山华南理工大学 17 号楼　邮编：510640）

　　　　　http://hg. cb. scut. edu. cn　E-mail: scutc13@ scut. edu. cn

　　　　　营销部电话：020 - 87113487　87111048（传真）

责任编辑：黄丽谊

印 刷 者：广州小明数码印刷有限公司

开　　本：787mm×1092mm　1/16　**印张**：13.25　**字数**：356 千

版　　次：2019 年 8 月第 1 版　2023 年 8 月第 3 次印刷

定　　价：38.00 元

前　言

  Zigbee 是一种常见的无线通信技术，而 CC2530 是基于 2.4GHz IEEE 802.15.4 和 Zigbee 无线通信的片上系统解决方案。本教材使用的芯片为 CC2530F256，拥有 8kB 的 SRAM、256kB 的 FLASH，能够运行 basicRF 与 Z-Stack 协议栈两种无线通信程序。

  编者从 2012 年 7 月开始研究 CC2530，并在 IAR 集成开发环境下，以 Zigbee + BLE + Wifi 开发板为硬件平台，着手编写本书。该开发板的软、硬件资源在持续更新，编者还将拍摄教学视频以及建立学习网站。

  CC2530 的学习分为三个方面：一是 IAR 与 SmartRF Flash Programmer 软件的使用；二是 CC2530 的硬件开发；三是 CC2530 的软件开发。

  本教材介绍 12 种常见单片机电路，包括电源、复位与仿真器接口、发光二极管、红外发射二极管、继电器、按键、USB 转串口、液晶屏、光敏电阻、方向键、红外遥控一体化接收头、DHT11 与 DS18B20 等（附表 1）。

  CC2530 的软件开发主要包括 IAR 与 SmartRF Flash Programmer 软件的使用、频率调整、I/O 输出、I/O 输入、外部中断、定时器溢出中断、定时器输入捕捉、定时器 PWM 输出、串口、SPI 三总线、模数转换、FLASH、睡眠定时器、看门狗以及省电模式。无线通信例子包括 BasicRF、Z-Stack2.5.1a 以及 Z-Stack3.0.2 三种。由于篇幅受限，本教材只学习其中一部分的内容（附表 2）。未涉及内容可参考开发板教程。

  读者可根据附表 1 与附表 2 的内容有针对性地学习 CC2530 的软、硬件开发，还可以根据本教材的四个项目学习如何开展项目，如何利用 CC2530 软件功能与编程思想解决遇到的问题。项目开发首先要明确功能需求，再设计系统结构，接着完成硬件电路的设计、焊接与调试，最后完成各软件功能的开发与调试。其中软件功能较为复杂，通常划分为多个任务。先独立完成各硬件的软件编程，再整合到项目程序中。项目程序整合可先按 C 语言的顺序结构进行简单拼接。如果出现问题（例如任务 1.9 中按键响应慢），就再使用编程思想优化程序（算法）。

  本教材所有例子均能用于工业物联网，强调实用性。还利用程序流程图理顺每个任务的工作过程，并用于编写 C 语言程序，有利于读者锻炼编程思维。再利用"三步法"编写 C 语言语句，解决单片机学习中"如何使用寄存器"的学习难点。

  本教材由广东水利电力职业技术学院梁文祯与广州市工贸技师学院王欢娥任主编，龚兰芳与郑则炯任副主编。由于编者水平有限，书中难免有疏漏和不妥之处，敬请读者不吝指正！读者若在学习中需要相关电子资源，如软件、电子课件、教材源代码、开发板、开发板教程与源代码，可发送电子邮件到 157919677@qq.com，与编者进一步沟通与交流。

编　者

2019 年 1 月

附表1　CC2530 的硬件开发

序号	功　能	电　路　图
1	5V 与 3.3V 电源	项目1　图 1.0.9　电源电路
2	复位电路与仿真器接口电路	项目1　图 1.0.3　复位电路与仿真器接口电路
3	I/O 输出	项目1　图 1.0.5　发光二极管电路
		项目3　图 3.0.2　红外发射二极管电路
		项目4　图 4.0.3　继电器电路
4	I/O 输入	项目1　图 1.0.6　按键电路
5	串口	项目2　图 2.0.3　USB 转串口电路
6	SPI 三总线	项目1　图 1.0.7　液晶屏电路与图 1.0.8　三总线电路结构图
7	模数转换	项目2　图 2.0.2　光照检测电路
		项目3　图 3.0.4　方向键电路
8	定时器输入捕捉	项目3　图 3.0.3　红外遥控一体化接收头电路
9	温湿度传感器	项目4　图 4.0.2　温湿度电路（DHT11/DB18B20）

附表2　CC2530 的软件开发

序号	功　能	任　务
1	IAR 与 SmartRF Flash Programmer 软件的使用	项目1　任务 1.3　新建与编译工程项目
2	烧录 CC2530	项目1　任务 1.4　烧录程序
3	多 C 文件编程	项目1　任务 1.5　多 C 文件
4	频率调整	项目1　任务 1.7　晶振频率
5	I/O 输出	项目1　任务 1.6　交通灯
		项目2　任务 2.1　照明灯
		项目3　任务 3.6　红外遥控发射器
6	I/O 输入	项目1　任务 1.8　按键
7	外部中断	项目1　任务 1.11　带调整时间的交通灯（三）
8	串口	项目2　任务 2.7　串口
9	SPI 三总线	项目1　任务 1.12　液晶屏
		项目3　任务 3.5　中文字库
10	模数转换	项目2　任务 2.5　模数转换
		项目3　任务 3.4　方向键
11	FLASH	项目1　任务 1.14　FLASH
12	定时器溢出中断	项目2　任务 2.3　定时器溢出中断（模模式）
		项目3　任务 3.6　红外遥控发射器（向上与向下模式）

序号	功　能	任　务
13	定时器输入捕捉	项目3　任务3.1　逻辑分析仪（自由运行模式）
		项目3　任务3.2　红外遥控接收器
14	温湿度传感器	项目4　任务4.3　温湿度开关
15	basicRF 无线通信	项目1　任务1.16　无线通信
		项目1　任务1.17　无线交通灯
		项目2　任务2.9　无线照明灯
16	Z-Stack 协议栈	项目4　任务4.1　修改 PANID 与信道
		项目4　任务4.2　修改灯、按键、液晶屏与串口
		项目4　任务4.3　温湿度开关

目　录

项目1　交通灯控制系统

学习目标	1. 掌握安装 CC2530 开发软件的技能	工具软件应用
	2. 掌握安装仿真器驱动程序的技能	
	3. 掌握新建、编译 IAR 工程项目的技能	
	4. 掌握利用 IAR 与 SmartRF Flash Programmer 软件烧录程序的技能	
	5. 学习 5V 与 3.3V 两种电源电路的设计	硬件电路设计
	6. 学习 CC2530 的最小系统电路的设计	
	7. 学习 CC2530 的复位与仿真接口电路的设计	
	8. 学习 CC2530 驱动发光二极管电路的设计	
	9. 学习 CC2530 识别按键电路的设计	
	10. 学习利用 CC2530 的三总线驱动液晶屏电路的设计	
	11. 学习工程项目中多个 C 文件的方法	软件程序设计
	12. 学习利用 CC2530 的 I/O 引脚往外输出高、低电平的方法	
	13. 学习 CC2530 晶振频率调整的方法	
	14. 学习利用 CC2530 的 I/O 引脚读取外部高、低电平的方法	
	15. 学习 CC2530 的外部中断的用法	
	16. 学习 CC2530 的三总线的用法	
	17. 学习 CC2530 的 FLASH 擦除、读取与写入数据的用法	
	18. 学习基于 basicRF 的无线通信编程的方法	
	19. 学习大延时"化整为零"编程思想的应用	编程思想学习
	20. 学习利用 CC2530 开发交通灯控制系统	项目综合应用

一、项目功能需求分析

客户对交通灯控制系统的具体要求如下：

（1）只需控制一路方向的交通灯，红、黄、绿灯能倒计时显示。

（2）红、黄、绿灯的时间均能通过按键进行调节并保存，修改后立即生效。

（3）马路上需要安装多个上述交通灯，它们之间能通过无线远程调节并保存时间，修改后立即生效。

二、项目系统结构设计

　　为了满足客户的需求，交通灯控制板需要 3 盏用于指示红黄绿三色的发光二极管、2 个用于调整灯时间的按键以及 1 块用于显示倒计时的液晶屏，如图 1.0.1 所示。Zigbee 控制器根据交通灯工作时序要求控制红、黄、绿灯的亮灭，并读取按键状态来修改交通灯的时间，同时在 LCD 液晶屏显示倒计时时间；Zigbee 控制器之间可进行无线通信。

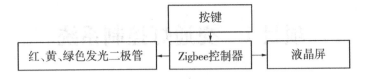

图 1.0.1　交通灯控制板的结构图

三、项目硬件设计

项目硬件设计需要满足项目系统结构的功能要求，分为最小系统电路、复位与仿真器接口电路、灯电路、按键电路、液晶屏电路以及电源电路等六部分。

1. Zigbee 控制器的最小系统设计

最小系统是指能使单片机工作的最小电路，也是花最少电子元件搭出能使单片机工作的电路。 因为 Zigbee 属于高频无线通信，其 PCB 板的绘制需要考虑高频与无线两个因素，为了降低项目的难度与复杂性而专注于 Zigbee 应用技术开发，所以选用 Zigbee 核心板。Zigbee 核心板就是最小系统，其与底板之间的接口电路如图 1.0.2 所示。从图中可知，CC2530 可用 I/O 引脚为 P 0.0～P 0.7、P 1.0～P 1.7 以及 P 2.0，共 17 个引脚。

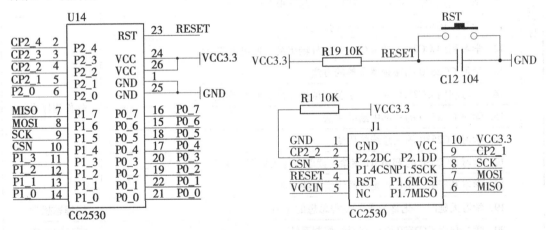

图 1.0.2　核心板接口电路　　　　图 1.0.3　复位电路与仿真器接口电路

2. CC2530 的复位电路与仿真器接口电路设计

复位电路用于让单片机先恢复到初始状态，再重新工作。 对于单片机芯片，RAM（包括寄存器）恢复到默认值（请从芯片手册查阅寄存器的默认值），再从 main 函数的第一行代码开始运行。

问题一：复位对寄存器有什么影响？

复位令 RAM 恢复到默认值，而寄存器是 RAM 其中一部分，因此，复位令寄存器恢复到默认值。例如，设置 P 0DIR 寄存器令 P0 端口工作于输入或输出模式，其初始值为 0x00（即 P 0.0～P 0.7 引脚为输入模式）。后来，程序令 P 0DIR 等于 0xFF（即 P 0.0～P 0.7 引脚为输出模式）。当 CC2530 发生复位时，P 0DIR 寄存器立即由 0xFF 变成 0x00，即 P 0.0～P 0.7 引脚由输出模式恢复为默认值——输入模式。

问题二：复位对变量有什么影响？

　　在程序中定义了变量，则编译器将在 RAM 中分配一个地址与该变量建立一一对应关系。因此，复位令变量恢复到默认值。例如，定义变量 a 时，赋予其默认值为 0，则在 RAM 中对应地址保存数值 0。当程序令变量 a 变成 5 时，RAM 中对应地址保存数值改为 5。当 CC2530 发生复位时，变量 a 立即由 5 恢复为 0，RAM 中对应地址保存数值由 5 恢复为 0。

　　CC2530 的复位电路由电阻 R19、电容 C12 以及按键 RST 组成，如图 1.0.3 所示。CC2530 属于低电平复位。在上拉电阻 R19 作用下，复位引脚为高电平，CC2530 正常工作。当按下按键 RST 时，复位引脚与电源负极 GND 直接相连，复位引脚为低电平，CC2530 进入复位状态。当按键 RST 被释放时，电容 C12 不允许两端电压突变（即吸收了按键 RST 产生的机械抖动信号），同时与电阻 R19 形成 RC 充电电路，复位引脚的电压延时一段时间才升为高电平，CC2530 进入工作状态。

　　仿真器是一种将在电脑中编译的程序烧录到单片机的程序存储器（FLASH）中，并具有程序调试功能的设备。烧录程序需要仿真器、USB 延长线以及 10P 延长线，其中 USB 延长线连接仿真器与电脑，10P 延长线连接仿真器与芯片，如图 1.0.4 所示。烧录程序的工作过程为电脑的烧录软件将程序传给仿真器，仿真器再将程序传给单片机。

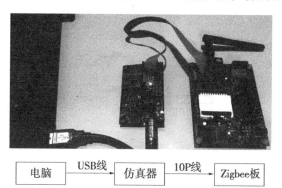

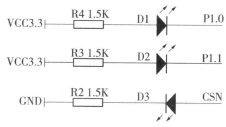

图 1.0.4　仿真器连接图　　　　　　　　图 1.0.5　发光二极管电路

　　3. 红、黄、绿灯电路设计

　　发光二极管（LED）是一种能发光的二极管，由一个 PN 结组成，具有单向导通性。绿灯为 D1，红灯为 D2，黄灯为 D3，如图 1.0.5 所示。驱动发光二极管的电路有两种：一种是"共阴极"电路，如黄灯；另一种是"共阳极"电路，如绿灯与红灯。这两种电路的控制逻辑不一样，可根据需求选择其中一种电路，如表 1.0.1 所示。

　　（1）"共阴极"电路的结构是发光二极管的正极连接单片机引脚，而负极经过下拉电阻连接电源负极。其工作过程是当 I/O 引脚输出低电平（0V）时，发光二极管因两端电压差为 0V 而熄灭；当 I/O 引脚输出高电平（3.3V，此电压等于单片机电源电压）时，发光二极管因两端存在电压差并符合单向导通条件而发光。流过 D3 的电流越大，其发光越亮。流过 D3 的电流是由 I/O 引脚输出高电平而往外产生的。除了 P1.0 与 P1.1 两个引脚能往外输出 20mA 电流外，CC2530 的其他引脚往外只能输出 4mA 电流。可见，D3 发光强度有限。

　　（2）"共阳极"电路的结构是发光二极管的正极经过上拉电阻连接电源正极，而负极连接到单片机引脚。其工作过程是当 I/O 引脚输出高电平（3.3V，此电压等于单片机电源电压）时，发光二极管因两端电压差为 0V 而熄灭；当 I/O 引脚输出低电平（0V）时，发光二极管因两端存在电压差并符合单向导通条件而发光。流过 D2 的电流越大，其发光越亮。流过 D2 的电流是由电源正极往外产生的，因此 D2 发光强度比 D3 更亮。发光二极管 D1 与 D2 的情况一样。注意，当电阻 R4 连接的电源正极等于 5.0V 时，无论 CC2530 输出高电平（3.3V）还是输出低电平（0V），D1 两端都存在电压差，并满足单向导通条件而发光。因此，"共阳极"电路连接的电源电压必须小于等于单片机的电源电压。

表 1.0.1　发光二极管的电路控制逻辑

I/O 输出	产生高电平	产生低电平
共阴极电路	灯亮	灯灭
共阳极电路	灯灭	灯亮

表 1.0.2　按键的电路控制逻辑

I/O 输入	识别高电平	识别低电平
共阴极电路	按下按键	释放按键
共阳极电路	释放按键	按下按键

4. 按键电路设计

按键的电路结构类似于发光二极管，分别是"共阴极"电路与"共阳极"电路。这两种电路的控制逻辑不一样，可根据需求选择其中一种电路，如表 1.0.2 所示。

第一路按键由电阻 R5 与按键 S1 组成，如图 1.0.6 所示。"共阳极"电路的结构是按键 S1 一端连接单片机引脚，再经过上拉电阻连接电源正极，而按键另一端连接电源负极。其工作过程是当按键 S1 被按下时，I/O 引脚直接连接到地而读到低电平；当按键被释放时，I/O 引脚经过上拉电阻而读到高电平。

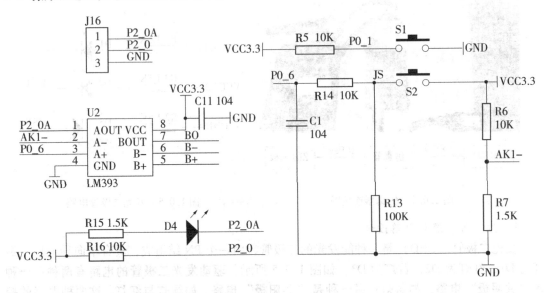

图 1.0.6　按键电路

第二路按键由按键 S2、电阻 R6、R7、R13 ～ R16、发光二极管 D4、电压比较器 U2、电容 C1 与 C11 组成，如图 1.0.6 所示。电压比较器 U2 选用 LM393，由两个比较器组成。这里只使用了第一个比较器 A。

（1）比较器是当同相端的电压大于反相端时，输出端输出高电平，否则输出低电平。

（2）比较器 A 的反相端（AK－）电压为 0.43V，其计算过程为 3.3×1.5/（1.5+10）＝ 0.43（V）。

（3）当按键 S2 被释放时，比较器 A 的同相端（P0.6）电压经过电阻 R13 和 R14 连接至地（GND）而电压为 0V。因为同相端电压 0V 小于反相端电压 0.43V，所以输出端输出低电平，发光二极管 D4 发光，P2.0 引脚读到低电平。

（4）当按键 S2 被按下时，比较器 A 的同相端（P0.6）电压经过电阻 R14 和按键 S2 连接到电源正极（电压为 3.3V）。因为同相端电压 3.3V 大于反相端 0.43V，所以输出端输出高电平，发光二极管 D4 熄灭，P2.0 引脚读到高电平。

（5）电阻 R14 与电容 C1 组成一阶滤波电路，可吸收在按下或释放按键 S2 时产生的机械抖动信号，令同相端（P0.6）的电压更平滑。LM393 的两个输出端属于三态状态，需要外接上拉电阻 R16 才能呈现正确的电平值。灯 D4 与电阻 R15 串联后，再与电阻 R16 并联。这样灯 D4 的亮、灭能反映出 LM393 输出端输出低、高电平状态。

因为比较器的同相端与 CC2530 引脚 P0.6 相连，所以要求 P0.6 要处于输入、三态状态。使用时，需要将排针 J16 的 1 脚和 2 脚短接起来。

问题一：为什么 P0.6 引脚不能处于输出状态？

无论处于输出状态的 P0.6 引脚输出低电平（0V）或高电平（3.3V），比较器 A 的同相端的电压都被恒定下来。按键 S2～S6 哪一个被按下均无法影响到同相端的电压，也就无法识别任何一个按键了。因此，P0.6 引脚只能处于输入状态。

问题二：为什么 P0.6 引脚要处于三态状态？

CC2530 每个引脚内部均有上拉电阻或下拉电阻。即使引脚处于输入状态，内部上、下拉电阻也会影响到比较器 A 同相端的电压值。这样很难计算 R6～R12 的电阻阻值。三态状态即三态门电路的高阻态，没有上下拉电阻，处于浮空状态。这有利于计算 R6～R12 的电阻值，有利于设计按键电路。

5．LCD 液晶屏电路设计

LCD 通信接口有串行与并行两种。并行接口的优点是通信速度快（在 LCD 上快速绘制文字与图形），双向传输数据（能读写 LCD 上各点的颜色值），但需要 11 个 I/O 引脚，而 CC2530 芯片只有 17 个 I/O 引脚，因此，不建议用并行方式。

LCD12864 的串行接口只需 4 个 I/O 引脚，如图 1.0.7 所示。LCD 的复位引脚与 CC2530 的复位引脚直接相连，一起复位，一起工作。当 RS 引脚为低电平时，向 LCD 传输的是命令；当 RS 引脚为高电平时，向 LCD 传输的是颜色数据。

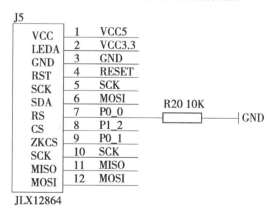

图 1.0.7　液晶屏电路

三总线是一种基于时钟引脚 SCK、主机输出从机输入 MOSI、主机输入从机输出 MISO 三根引脚进行双向传输数据的总线。作为总线，主机可与多个从机进行双向通信，其电路结构如图 1.0.8 所示。因为主机与从机之间用两根单向传输数据的导线（MISO 与 MOSI）实现双向通信，所以三总线的传输速率比双总线（I^2C）、单总线（1-Wire）快很多，可达到 MHz 级别。

从图 1.0.8 可知，一是单片机属于主机，外接 N 个从机；二是从机可以是单片机，也可以是数字芯片；三是主机与从机的 SCK、MOSI、MISO 引脚分别直接相连；四是主机另外需要 N 个 I/O 引脚连接从机的 CS 引脚；五是任何时候只允许一个从机与主机通信，即要求所有从机中只有一个 CS 引脚为低电平，其余的 CS 引脚为高电平。

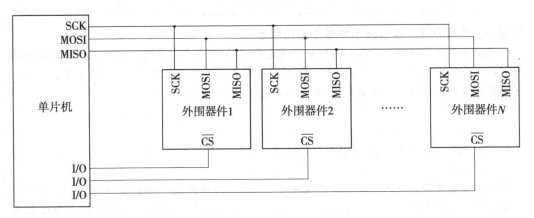

图 1.0.8　三总线电路结构图

6. 电源电路设计

USB 的工作电压是 5V，CC2530 的工作电压是 3.3V，因此，电源统一为 5V，由 USB 或电源适配器提供，再经过三端稳压电源芯片产生 3.3V，如图 1.0.9 所示。

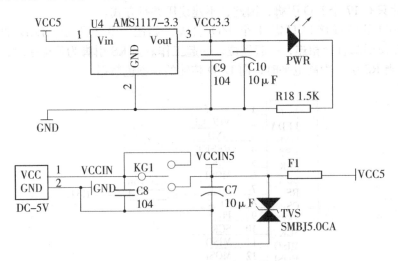

图 1.0.9　电源电路

（1）双向 TVS 管能保证电源电压不超过 5V，具有过压保护功能。

（2）自恢复保险丝 F1 具有过流保护功能：当流过 F1 的电流超过额定值时，F1 断开而令电路处于断路状态；否则，F1 自动恢复而令电路处于通路。

（3）电容 C7、C8、C9 和 C10 起到滤波作用，C7 与 C10 能让波动的电压变得更平稳，C8 与 C9 能吸收高频毛刺的电压信号。

（4）发光二极管 PWR 是 3.3V 电源指示灯，电阻 R18 起到限流作用，防止其被烧坏。

（5）电源芯片 U4 型号为 AMS1117 – 3.3，它能将 5.0V 降到 3.3V。

四、项目软件设计

为了实现项目功能需求分析的三个功能要求，设计了 17 个任务，从易到难，从简到繁，逐步完善交通灯控制系统，如表 1.0.3 所示。项目需要用到 CC2530 的 I/O 输出、晶振频率、I/O 输入、外部中断、三总线、FLASH 存储与无线通信等知识点与技能。现为每个知识点设立一个任务来单独学习，再设立一个任务讲述如何将知识点应用于交通灯控制系统，有利于学习的迁移。

表 1.0.3　交通灯任务表

序号	任务名称	任务内容	知识点与技能
1	安装 Zigbee 开发软件	安装 IAR 编译软件与 SmartRF Flash Programmer 烧录软件	安装 Zigbee 开发软件
2	安装仿真器驱动程序	安装仿真器驱动程序	安装仿真器驱动程序
3	新建与编译工程项目	新建与编译 IAR 工程项目	新建与编译 IAR 工程项目
4	烧录程序	利用 IAR 与 SmartRF Flash Programmer 软件烧录程序	烧录程序
5	多 C 文件	在工程项目中使用多个 C 文件	多 C 文件编程
6	交通灯	按"绿灯亮 5s，黄灯亮 3s，红灯亮 8s"的时序实现交通灯	I/O 引脚往外输出高电平、低电平以及翻转电平
7	晶振频率	按 CPU 频率为 16MHz 实现任务 1.6 的交通灯。工作时序变成"绿灯亮 10s，黄灯亮 6s，红灯亮 16s"，与任务 1.6 相比，红、黄、绿灯延时时间增大一倍	改变 CC2530 工作频率
8	按键	按下 S1 红灯亮，按下 S2～S6（组合起来，被称为 JoyStick）任意一个红灯灭，黄灯每隔 100ms 闪烁一次（用于工作指示灯）	I/O 引脚读取外部高、低电平
9	带调整时间的交通灯（一）	● 默认按"绿灯亮 5s，黄灯亮 3s，红灯亮 8s"的时序实现交通灯； ● 按下 S1 键，红、绿灯时间增加 1s，最大为 60s；按下 S2～S6 任意一个，红、绿灯时间减小 1s，最小为 1s	程序整合
10	带调整时间的交通灯（二）	与任务 1.9 一样	"化整为零"的编程思想

续表 1.0.3

序号	任务名称	任务内容	知识点与技能
11	带调整时间的交通灯（三）	与任务 1.9 一样	外部中断
12	液晶屏	● 一上电，LCD 显示白屏； ● 按下 S1 键，LCD 显示以下内容： ①第一行从水平坐标 0 显示 "LCD is showing!"，正白显示； ②第二行从水平坐标 20 以 5 位十进制显示 5000，结果为 05000，反白显示； ③第三行从水平坐标 40 显示 5 位十进制数 –520，结果为 –00520，反白显示； ④第四行从水平坐标 60 显示 "3 位整数与 2 位小数" 的浮点数 123.456，结果为 123.45，正白显示； ● 按下 S2～S6 任意一个，LCD 显示以下内容： ①第一行从水平坐标 10 显示 "LCD is showing!"，反白显示； ②第二行从水平坐标 15 以 4 位十六进制显示 5000，结果为 1388，正白显示； ③第三行从水平坐标 20 显示 4 位十进制数 –520，结果为 –0520，正白显示； ④第四行从水平坐标 30 显示 "4 位整数与 4 位小数" 的浮点数 123.456，结果为 0123.4560，反白显示	三总线
13	带倒计时的交通灯	基于任务 1.11 再增加红、黄、绿灯倒计时功能	程序整合
14	FLASH	● 按下 S1 键，将字符 "Zigbee"、整数 2007 与 –12 保存到 FLASH 中； ● 按下 S2～S6 任意一个，将字符 "CC2530"、整数 2017 与 –8 保存到 FLASH 中； ● 按复位键，查看 FLASH 中保存的内容	FLASH 擦除、读取与写入数据
15	带保存时间的交通灯	基于任务 1.13 增加保存红、绿灯时间功能	程序整合
16	无线通信	● 一个无线节点按下 S1 键，将字符 "Zigbee"、自身无线地址与整数 12 发给另一个无线节点； ● 按下 S2～S6 任意一个，将字符 "CC2530"、自身无线地址与整数 8 发给另一个无线节点	无线通信
17	无线交通灯	基于任务 1.15 实现无线交通灯；东、西方向 CC2530 按 "绿灯亮 5s，黄灯亮 3s，红灯亮 8s" 的时序工作；南、北方向 CC2530 按 "红灯亮 8s，绿灯亮 5s，黄灯亮 3s" 的时序工作；其中一个 CC2530 修改了交通灯时间，利用无线通信让其他三个一起修改，并将时间保存到 FLASH 中	程序整合

五、项目调试与测试

准备四块 Zigbee 板，分别用于东、西、南、北四个方向的红、黄、绿灯，将任务 1.17 的程序烧录进去，同时通电运行。四路交通灯正常工作。

如果修改其中一路交通灯的时间，就利用无线通信方式让其他三路也修改交通灯时间。如果修改时间后出现交通灯不同步现象，四路一起复位就行。

六、项目总结

1. 交通灯控制系统的总结

开展一个项目，需要完成功能需求分析、系统结构、硬件、软件与调试五大部分。分析客户的功能需求，设计出一个适合的系统结构，从硬件与软件两方面实现全部功能，最后经过软硬件联调，检验硬件与软件是否存在设计上的缺陷。如果存在硬件或软件上的缺陷，就需要逐一排除，查找问题所在，再解决问题。这样才能将项目成果交给客户。

本项目拆分为 17 个任务来完成。在任务 1.15 中，整个交通灯程序相对完整，只是在修改交通灯时间时需要四路一起配合操作。这种增加客户操作难度的事情也算是一种缺陷。为了解决这种缺陷，引入无线通信，才会出现任务 1.16 与任务 1.17。

交通灯控制系统现选用"消耗指令延时 + 外部中断"方案，还未算完美。如果改用"定时器 + 识别按键"方案，就更适合一些。经过下一个项目的学习，可以将学到的定时器知识来完善本项目。

2. 技术总结

借助交通灯控制系统，本项目学习了四方面的内容：

（1）关于工具软件，学习了 IAR 与 SmartRF Flash Programmer 软件的安装方法；学习了仿真器驱动程序的安装方法；学习了新建、编译 IAR 工程项目的方法；学习了用 IAR 与 SmartRF Flash Programmer 软件烧录程序的方法。

（2）关于硬件电路设计，学习了 CC2530 最小系统、复位电路与仿真器接口电路、发光二极管电路、按键电路、液晶屏电路与三总线电路以及电源电路的设计。

（3）关于软件程序编写，学习了发光二极管、晶振频率、按键、液晶屏与交通灯等硬件电路的程序编写方法；学习了 CC2530 的 I/O 输出、I/O 输入、外部中断、FLASH 与无线通信的程序编写方法。

（4）关于编程思想，学习了将大延时"化整为零"这种编程思想在识别按键、液晶屏倒计时、无线接收、FLASH 保存等四方面的应用。这是一种解决问题的编程思想，属于"数据结构"的范畴。

学习 CC2530 还需要多实操，从实操中学习知识与技能，再利用知识与技能指导实操，提高实操的成功率。如需要与课程相关的电子资源，请联系作者！

任务 1.1　安装 Zigbee 开发软件

Zigbee 开发软件有两个：一个是用于编译源程序的 IAR 软件，另一个是用于烧录 HEX 文件的 SmartRF Flash Programmer 软件。详情请参看电子资源之课件"任务 1.1　安装 Zigbee 开发软件"。

任务 1.2　安装仿真器驱动程序

常见的仿真器有 CC Debugger、SmartRF04EB 与 SmartRF05EB。三种仿真器均可按同一种方法来安装驱动程序。详情请参看电子资源之课件"任务 1.2　安装仿真器驱动程序"。

任务 1.3　新建与编译工程项目

利用 IAR 软件新建与编译 CC2530 工程项目。详情请参看电子资源之课件"任务 1.3　新建与编译工程项目"与源代码"任务 1.3"。

任务 1.4　烧录程序

烧录程序有两种方法：一种是利用 IAR 软件烧录程序，但需要工程源代码；另一种是利用 SmartRF Flash Programmer 软件烧录 HEX 文件，无须工程源代码。详情请参看电子资源之课件"任务 1.4　烧录程序"与源代码"任务 1.4"。

任务 1.5　多 C 文件

一、学习目标

(1) 学习在工程项目中使用多个 C 文件的方法。

(2) 学习在 C 文件定义全局变量与函数、在 H 头文件声明外部变量与函数的方法。

二、程序设计

1. 多 C 文件的设计要领

(1) 每个 C 文件配 H 头文件；

(2) C 文件用于定义变量与函数；

(3) H 头文件用于定义常量、声明外部变量与函数声明；

(4) 工程文件用于设置编译选项，并将汇编文件、C 文件与头文件编译成一个 HEX 文件；

(5) 多个 C 文件与 H 头文件均需要添加到工程文件中；

(6) 多个 C 文件中只允许其中一个拥有 main 函数，该 C 文件为工程项目中的主文件。

2. 多 C 文件的程序设计

以举例形式讲解在工程项目中使用多个 C 文件的方法。

(1) 建立"a. h"头文件

要求在文件头与尾添加预编译选项，防止常量被重定义。预编译变量一般使用文件名，如 a. h 文件用的预编译变量为__A_H。

```
01  #ifndef  __A_H        //预编译开始符，如果没定义"__A_H"，以下内容就参与编译
02  #define  __A_H        //定义"__A_H"，防止重复编译
03  #include < ioCC2530. h >                //引用头文件
```

```
04    #define    TX_LEN    10                              //定义常量 TX_LEN 为 10
05    typedef    unsigned short    uint16;                //16 位无符号整数缩写为 uint16
06    #define    NOP()              asm("NOP")            //空指令
07    #ifndef    ABS          //预编译开始符,如果没定义"ABS",下面一行就参与编译
08    #define    ABS(n)        (((n) < 0) ? -(n) : (n))   //求整数的绝对值
09    #endif                                              //预编译结束符
10    extern    uint16    value_a;                        //声明外部变量
11    void add_m(uint16 a1, uint16 a2, uint16 a3);        //声明函数
12    void minus_m(uint16 a1, uint16 a2, uint16 a3);      //声明函数
13    #endif              //预编译结束符
```

（2）建立 "a.c" 文件

```
01    #include "a.h"                              //引用头文件
02    uint16  value_a = 0,   value_b = 0;         //声明全局变量
03    void add_m(uint16 a1, uint16 a2, uint16 a3)   //定义函数
04    {
05        value_a = a1 + a2 + a3;                 //计算结果赋值给全局变量
06        value_b = (a1 + a2)/a3;                 //计算结果赋值给全局变量
07        P1_0 = !P1_0;                           //调用 ioCC2530.h 头文件的变量
08    }
09    void minus_m(uint16 a1, uint16 a2, uint16 a3)   //定义函数
10    {
11        value_a = a1 - a2 - a3;
12        value_b = (a1 - a2)/a3;
13    }
```

（3）建立 "b.h" 头文件

```
01    #ifndef __B_H           //预编译开始符,如果没定义"__B_H",以下内容就参与编译
02    #define __B_H           //定义"__B_H",防止重复编译
03    typedef  unsigned long  uint32;                //32 位无符号整数缩写为 uint32
04    extern   uint32   value_m;                     //声明外部变量
05    void add_n(uint32 a1, uint32 a2, uint32 a3);      //声明函数
06    void minus_n(uint32 a1, uint32 a2, uint32 a3);    //声明函数
07    #endif                  //预编译结束符
```

（4）建立 "b.c" 文件

```
01    #include "b.h"                              //引用头文件
02    uint32  value_m = 0,   value_n = 0;         //声明全局变量
03    void add_n(uint32 a1, uint32 a2, uint32 a3)   //定义函数
04    {
05        value_m = a1 + a2 + a3;
06        value_n = (a1 + a2)/a3;
07    }
08    void minus_n(uint32 a1, uint32 a2, uint32 a3)   //定义函数
09    {
10        value_m = a1 - a2 - a3;
11        value_n = (a1 - a2)/a3;
12    }
```

（5）建立"main. c"文件

```
01   #include "a.h"              //引用头文件
02   #include "b.h"              //引用头文件
03   void main(void)
04   {
05      uint16   k1;              //调用 a. h 定义的数据类型 uint16
06      uint32   k2;              //调用 b. h 定义的数据类型 uint32
07      while(1)
08      {
09         add_m(100, 200, 300);      //调用 a. c 文件的函数
10         k1 = value_a + TX_LEN;      //调用 a. c 文件的全局变量与常量
11         add_n( 10,  20,  30);      //调用 b. c 文件的函数
12         k2 = value_m + TX_LEN;      //调用 b. c 文件的全局变量与 a. c 文件的常量
13         P1_1 = ! P1_1;              //调用 ioCC2530. h 头文件的变量
14      }
15   }
```

问题一：为什么要在工程项目中分割成多个 C 文件？

为了方便管理变量、常量与函数。

例如，一个工程项目中需要灯、按键、液晶屏三部分的程序，现将变量、常量与函数写在同一个 C 文件。当另一个工程只需按键程序时，如果重新写按键程序需要花费很多时间，降低工作效率。如果能从上一个工程项目中复制过来，就方便很多，可是一个 C 文件有千行代码，究竟该从哪一行复制到哪一行呢？而且复制代码的过程中，又容易产生复制过多或过少的问题。

如果将灯、按键、液晶屏程序分割成三个 C 文件，在需要按键程序时，就只把按键的 C 文件整个复制过去即可。相比之下，工作效率提高很多，又不容易产生错误。

问题二：（引用数据类型）main. c 文件可用 uint16，b. c 文件能不能也使用 uint16？

不能。数据类型 uint16 被定义在 a. h 头文件中。main. c 文件靠"#include " a. h""语句引用 a. h 头文件，才能使用数据类型 uint16，而 b. c 文件没有。同理，a. c 文件不能使用 b. h 头文件的数据类型 uint32。

问题三：（引用常量）main. c 文件可用常量 TX_LEN，b. c 文件能不能也使用 TX_LEN？

不能。常量 TX_LEN 被定义在 a. h 头文件中。main. c 文件引用 a. h 头文件，才能使用常量 TX_LEN，而 b. c 文件没有。

问题四：（引用全局变量）main. c 文件可用变量 value_a，b. c 文件能不能也使用 value_a？

不能。全局变量 value_a 被定义在 a. c 文件中，在 a. h 头文件中声明为外部变量。main. c 文件引用 a. h 头文件，靠"extern uint16 value_a;"语句才能使用 a. c 文件的全局变量 value_a，而 b. c 没有引用 a. h 头文件。同理，a. c 不可以使用 value_m。"extern"的意思是变量在另一个 C 文件中被定义，即声明外部变量。

问题五：（引用函数）main. c 文件可用函数 add_m，b. c 文件能不能也使用 add_m？

不能。函数 add_m 被定义在 a. c 文件中，在 a. h 头文件中声明函数。main. c 文件引用 a. h 头文件，靠"void add_m（uint16 a1，uint16 a2，uint16 a3）;"语句才能使用 a. c 文件的函数 add_m，而 b. c 文件没有引用 a. h 头文件。同理，a. c 文件不可以使用函数 add_n。

问题六：（引用全局变量）main. c 文件可用变量 value_a，能不能也使用 value_b？

不能。全局变量 value_a 在 a. h 头文件中声明外部变量，而全局变量 value_b 没有。main. c 文件引用 a. h 头文件，靠"extern uint16 value_a;"语句才能使用 a. c 文件的全局变量 value_a，因而 main. c 文件不能使用全局变量 value_b。同理，main. c 文件也不可以使用 b. c 文件的全局变量 value_n。

问题七：（引用全局变量）为什么 main. c 文件能调用变量 P1_1？

变量 P1_1 被定义在 ioCC2530. h 头文件中。main. c 文件引用 a. h 头文件，而 a. h 头文件又引用 ioCC2530. h 头文件。因此，main. c 文件能调用 ioCC2530. h 头文件中所有变量。同理，a. c 文件也能调用 ioCC2530. h 头文件中所有变量，但 b. c 文件不能。

问题八：（头文件）为什么头文件以预编译开始符开始，以预编译结束符结尾？

"#ifdef __A_H"语句的意思是：如果定义了变量__A_H，就将接下来的语句（直至遇到自己的"#endif"语句）参与编译。无论用"#ifdef"语句（如果定义变量），还是用"#ifndef"语句（如果没有定义变量），必须拥有自己的"#endif"语句，并作为编译结尾标志。如果 a. h 头文件没有应用预编译开始符与结束符，多次（嵌套）引用该头文件后，编译器对常量 TX_LEN 报"重定义变量"的错误。可见，预编译有防止"重定义变量"的功能。

任务1.6　交通灯

一、学习目标

（1）学习利用 CC2530 的 I/O 引脚往外输出高电平、低电平以及翻转电平的方法。

（2）学习利用 CC2530 的 I/O 引脚驱动发光二极管亮灭的方法。

二、功能要求

本任务的功能要求是按"绿灯亮5s，黄灯亮3s，红灯亮8s"的时序实现交通灯。

三、电路工作原理

1. I/O 引脚输出的电路

I/O 输出是一种用于往外部输出高、低电平的工具。I/O 引脚连接设备的驱动引脚，两者还需要共地线，如图 1.6.1 所示。I/O 引脚往驱动引脚输出高、低电平，令设备工作于两种状态。

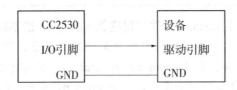

图 1.6.1　CC2530 的 I/O 引脚输出的电路图

例如，发光二极管有亮与灭两种状态，蜂鸣器有响与灭两种状态，继电器有闭合与断开两种状态，电机有转动与停止两种状态，等等。

总之，有两种状态的设备均能利用 I/O 引脚输出来驱动。

2. 发光二极管的电路

根据红、黄、绿灯电路（图 1.0.5），绿灯（D1）连接 P1.0 引脚、红灯（D2）连接 P1.1 引脚、黄灯（D3）连接 P1.4 引脚。整理成 I/O 分配表能更直观掌握电路的控制方法，如表 1.6.1 所示。

表 1.6.1　I/O 分配表

I/O 引脚	功能	设备	高电平	低电平
P1.0	I/O 输出	绿灯 D1	灭	亮
P1.1	I/O 输出	红灯 D2	灭	亮
P1.4	I/O 输出	黄灯 D3	亮	灭

四、软件设计

1. I/O 输出的寄存器程序设计

正确设置 CC2530 的 PxSEL、PxDIR 与 PxINP 这三个寄存器，才能令 I/O 引脚往外输出高、低电平。关于这三个寄存器，P0、P1 与 P2.0 的用法一样，详见表 1.6.2～表 1.6.4。

设置 P1.0、P1.1 与 P1.4 三根引脚的寄存器时，只能修改自己的二进制位，建议使用程序一。

程序一（推荐）：
```
P1SEL &= ~0x13;        //普通 I/O 引脚
P1DIR |= 0x13;         //输出方向
P1INP &= ~0x13;        //开启上下拉电阻
```
程序二：
```
P1SEL = 0x00;
P1DIR = 0x13;
P1INP = 0x00;
```

表 1.6.2 P1SEL 功能寄存器

二进制位	复位后默认值	备注
7：0	0x00	P1.0～P1.7 引脚的功能选择： 0：普通 I/O 引脚； 1：特殊功能（如串口、三总线等）

表 1.6.3 P1DIR 方向寄存器

二进制位	复位后默认值	备注
7：0	0x00	P1.0～P1.7 引脚的方向选择： 0：输入（读取外部高、低电平） 1：输出（往外输出高、低电平）

表 1.6.4 P1INP 上下拉电阻寄存器

二进制位	复位后默认值	备注
7：2	0x00	P1.2～P1.7 引脚的上下拉电阻选择： 0：启用上拉/下拉电阻； 1：三态（高阻态）
1：0		无效位

建议不要使用程序二。虽然它也正确设置这三根引脚，但是同时修改了 P1 端口其他五个引脚（P1.2、P1.3、P1.5、P1.6 与 P1.7），其中引脚 P1.2、P1.5 与 P1.6 用于三总线驱动液晶屏显示。程序二会令液晶屏程序失效，这是无法接受的事情。

（1）根据"与"运算逻辑表（表 1.6.5）可知，与常数 0 相与结果必为 0，与常数 1 相与结果保持不变。

（2）根据"或"运算逻辑表（表 1.6.6）可知，与常数 0 相或结果保持不变，与常数 1 相或结果必为 1。

（3）根据"异或"运算逻辑表（表 1.6.7）可知，与常数 0 相异或结果保持不变，与常数 1 相异或结果取反。

表 1.6.5 "与"运算逻辑表

常数		变量值	运算结果	
常数 0	0	0	0	清 0
	0	1	0	
常数 1	1	0	0	保持不变
	1	1	1	

表 1.6.6 "或"运算逻辑表

常数		变量值	运算结果	
常数 0	0	0	0	保持不变
	0	1	1	
常数 1	1	0	1	置 1
	1	1	1	

表 1.6.7 "异或"运算逻辑表

常数		变量值	运算结果	
常数 0	0	0	0	保持不变
	0	1	1	
常数 1	1	0	1	相反
	1	1	0	

根据这三条结论，令 P1.0 引脚为普通 I/O 引脚、输出、启动上下拉电阻的程序如下：

```
P1SEL &= 0xFE;              //0: 普通 I/O 引脚
P1DIR |= 0x01;              //1: 输出
P1INP &= 0xFE;              //0: 启动上下拉电阻
```

0xFE 的反码是 0x01，而且 0x01 分解成二进制位为 0000 0001，其中数值为 1 的二进制位刚好对应 P1.0 引脚。因此，用 0x01 更直观反映出"这是对 P1.0 引脚进行配置"。程序如下：

```
P1SEL &= ~0x01;            //0: 普通 I/O 引脚
P1DIR |= 0x01;             //1: 输出
P1INP &= ~0x01;            //0: 启动上下拉电阻
```

根据这三条结论，0x02 分解成二进制位为 0000 0010，其中数值为 1 的二进制位刚好对应 P1.1 引脚。因此，令 P1.1 引脚为普通 I/O 引脚、输出、启动上下拉电阻的程序如下：

```
P1SEL &= ~0x02;            //0: 普通 I/O 引脚
P1DIR |= 0x02;             //1: 输出
P1INP &= ~0x02;            //0: 启动上下拉电阻
```

根据这三条结论，0x10 分解成二进制位为 0001 0000，其中数值为 1 的二进制位刚好对应 P1.4 引脚。因此，令 P1.4 引脚为普通 I/O 引脚、输出、启动上下拉电阻的程序如下：

```
P1SEL &= ~0x10;            //0: 普通 I/O 引脚
P1DIR |= 0x10;             //1: 输出
P1INP &= ~0x10;            //0: 启动上下拉电阻
```

将上述 9 行程序合并，就变成程序一。为了以后编程方便，现为程序编写一个函数，用于初始化灯引脚，程序如下：

```
void LED_init( void)
{
    P1SEL &= ~0x13;        //引脚 P1.0   P1.1      P1.4: 普通
    P1DIR |= 0x13;         //                      输出
    P1INP &= ~0x13;        //                      上下拉电阻
}
```

三步法总结：

用 "&= ~" 运算能令指定的二进制位清 0，用 "|=" 运算能令指定的二进制位置 1，用 "^=" 运算能令指定的二进制位取反。使用方法是：第一步，写一个二进制数，将指定的二进制位为 1，其他二进制位为 0；第二步，将这个二进制数写成十六进制常数；第三步，使用这三种运算。

例 1　要求将 P1SEL 寄存器中 P1.0 与 P1.4 的二进制位清 0。

第一步，写二进制数 0001 0001；

第二步，写成十六进制数 0x11；

第三步，使用 "&= ~" 运算，C 语言语句为　P1SEL &= ~ 0x11;

例 2　要求将 P1DIR 寄存器中 P1.1 与 P1.4 的二进制位置 1。

第一步，写二进制数 0001 0010；

第二步，写成十六进制数 0x12；

第三步，使用 "|=" 运算，C 语言语句为　P1DIR |= 0x12;

2. I/O 输出电平的程序设计

（1）**I/O 引脚输出低电平**，以 P1.0 引脚为例，程序为　P1_0 =0;

（2）I/O **引脚输出高电平**，以 P1.0 引脚为例，程序为 P1_0 = 1；

（3）I/O **引脚翻转电平**，以 P1.0 引脚为例，程序为 P1_0 = ! P1_0；

变量 P1_0 代表 P1.0 引脚的电平值，对此变量的任何操作只会修改一根引脚的电平。在 C 语言中，"!"是逻辑非，是一种位操作的运算符。组合"! P1_0"只会令一根引脚翻转电平。

变量 P1 代表 P1 端口 8 个引脚（P1.0～P1.7）的电平组合。一般情况下，不会有类似"! P1"这样的组合。在 C 语言中，"~"是按位取反，是一种对多位二进制操作的运算符。组合"~P1"会令 P1 端口 8 根引脚一起翻转电平。

3. 延时程序设计

单片机延时的方法有两种：一是定时器延时，二是消耗指令周期。在 C 语言编程与（C 语言与汇编）混合编程中，消耗指令周期达到的延时时间是不精确的。消耗指令周期实现延时的原理很简单：忙碌会消耗时间；越忙，消耗的时间就越久。

在 C 语言中，实现消耗指令周期的程序，需要利用循环语句，例如：

```
int i = 0;
for( i = 0; i < 10000; i ++ ) { }
```

在混合编程中，实现消耗指令周期的程序，一般用汇编指令 NOP（空指令），但需要借助 asm 函数调用汇编指令。例如：

```
int i = 0;
for( i = 0; i < 10000; i ++ ) { asm( "NOP" ); }
```

在 basicRF 中，CC2530 的晶振工作于 32MHz，拥有毫秒与微秒两个相对准确的延时函数，其程序如下：

```
01   typedef unsigned short   u16;              //16 位无符号整数
02   #define NOP()   asm( "NOP" )               //空指令
03   #pragma optimize = none                    //禁止 IAR 对此函数进行优化
04   void halMcuWaitUs( u16 usec )              //usec 个微秒延时
05   {
06     usec >> = 1;
07     while( usec -- )
08     {
09       NOP(); NOP(); NOP(); NOP(); NOP(); NOP(); NOP(); NOP(); NOP();
10       NOP(); NOP(); NOP(); NOP(); NOP(); NOP(); NOP();
11     }
12   }
13   #pragma optimize = none                    //禁止 IAR 对此函数进行优化
14   void halMcuWaitMs( u16 msec )              //msec 个毫秒延时
15   {
16     while( msec -- )   halMcuWaitUs( 1000 );
17   }
```

4. 交通灯程序设计

交通灯的程序流程图如图 1.6.2 所示。

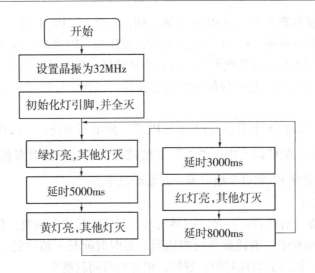

图 1.6.2　交通灯的程序流程图

交通灯的程序如下：

```
01   #include "led. h"
02   void main( void)
03   {
04       clockSetMainSrc('X', 32, 32);      //外部 32K, CPU 频率为 32MHz, 定时器频率为 32MHz
05       LED_Init ();                       //初始化 LED 引脚
06       LED1G = 1;                         //LED1 绿灯灭
07       LED2R = 1;                         //LED2 红灯灭
08       LED3Y = 0;                         //LED3 黄灯灭
09       while(1)
10       {
11           LED2R = 1;                     //LED2 红灯灭
12           LED1G = 0;                     //LED1 绿灯亮
13           halMcuWaitMs(5000);            //延时 5000ms
14           LED1G = 1;                     //LED1 绿灯灭
15           LED3Y = 1;                     //LED3 黄灯亮
16           halMcuWaitMs(3000);            //延时 3000ms
17           LED3Y = 0;                     //LED3 黄灯灭
18           LED2R = 0;                     //LED2 红灯亮
19           halMcuWaitMs(8000);            //延时 8000ms
20       }
21   }
```

clockSetMainSrc 函数用于设置晶振频率，在任务 1.7 中有详细讲解。流程图能够理清工作任务，梳理编程思想，是编写程序的基础。**建议编程初学者先学会画流程图，再学习如何按照流程图编写程序**。在 main 函数中，程序按流程图编写而成，具有一一对应的关系。

将程序烧录到 Zigbee 板。绿灯亮 5s，黄灯亮 3s，红灯亮 8s，重复上述过程。

完整程序请参看电子资源之源代码"任务 1.6"。

总结：

（1）分析功能要求。了解需要多少个硬件，以及硬件工作任务。

（2）编写 I/O 分配表，再画出电路图。分配 I/O 引脚控制硬件，什么电平令硬件工作于什么状态。

（3）学习寄存器，并利用三步法正确设置寄存器，令 I/O 引脚工作于输出。

（4）根据硬件工作任务，编写流程图与程序。

任务 1.7　晶振频率

一、学习目标

（1）学习 CC2530 晶振频率的方法。

（2）学习改变 CC2530 工作频率的方法。

二、功能要求

本任务的功能要求是按 CPU 频率为 16MHz 实现任务 1.6 的交通灯。工作时序变成 "绿灯亮 10s，黄灯亮 6s，红灯亮 16s"，与任务 1.6 相比，红、黄、绿灯延时时间增大一倍。

三、软件设计

1. 晶振频率的寄存器程序设计

晶振频率会影响单片机的运行速率，也影响定时器、三总线与串口。CC2530 有两个晶振：一是低频晶振（32kHz），用于睡眠定时器的计数频率；二是高频晶振，用于系统内核与定时器的工作频率。CC2530 默认启用内部 16MHz 高频晶振。

CC2530 用 CLKCONCMD 与 CLKCONSTA 两个寄存器管理晶振频率，如表 1.7.1 所示。CLKCONCMD 寄存器用于设置晶振频率，CLKCONSTA 寄存器用于检查当前晶振频率。

表 1.7.1　CLKCONCMD 与 CLKCONSTA 寄存器

位	复位后默认值	备注		
7	1	低频晶振选择： 0：外部 32kHz 石英晶振	1：内部 32kHz RC 晶振	
6	1	高频晶振选择： 0：外部 32MHz 石英晶振	1：内部 16MHz RC 晶振	
5：3	001	定时器计数频率选择： 000：32MHz 001：16MHz	010：8MHz 011：4MHz 100：2MHz	101：1MHz 110：500kHz 111：250kHz
2：0	001	CPU 频率选择： 000：32MHz 001：16MHz	010：8MHz 011：4MHz 100：2MHz	101：1MHz 110：500kHz 111：250kHz

以高频晶振被设为 32MHz 为例，将 CLKCONCMD 寄存器的第 6 位设置为 0，芯片需要一段时间才能改变频率，等待 CLKCONSTA 寄存器的第 6 位也为 0，具体程序如下：

```
01    typedef unsigned char   u8;              //8 位无符号整数
02    void clockSetMainSrc( u8 osc32, u8 osc, u8 timetick)
03    {
04        u8 a;
05        if( osc32 == 'R' )    a = 0x80;//睡眠定时器频率:内部晶振 32kHz RC
06        else                  a = 0x00;//睡眠定时器频率:外部晶振 32kHz X
07        if( osc == 16)        a |= 0x41;//CPU 频率:内部晶振 16MHz RC
08        else                  a&= ~0x41;//CPU 频率:外部晶振 32MHz X
09        switch( timetick)//定时器频率
10        {
11        case 250://250kHz
12            a |= (0x07 ≪ 3);
13            break;
14        case 500://500kHz
15            a |= (0x06 ≪ 3);
16            break;
17        case 1://1MHz
18            a |= (0x05 ≪ 3);
19            break;
20        case 2://2MHz
21            a |= (0x04 ≪ 3);
22            break;
23        case 4://4MHz
24            a |= (0x03 ≪ 3);
25            break;
26        case 8://8MHz
27            a |= (0x02 ≪ 3);
28            break;
29        case 16://16MHz
30            a |= (0x01 ≪ 3);
31            break;
32        default://32MHz
33            a |= (0x00 ≪ 3);
34            break;
35        }
36        CLKCONCMD = a;
37        do{    //等待晶振稳定
38            a = CLKCONSTA;
39        }while( a! = CLKCONCMD);
40    }
```

clockSetMainSrc 函数可实现三个功能:

（1）形参 osc32 的值为'R'，表示睡眠定时器使用内部 32kHz 的 RC 晶振，适用于低功耗模式，计时不精确。形参 osc32 为其他值，表示睡眠定时器使用外部 32kHz 的晶振，适用于正常模式，计时很精确。

（2）形参 osc 的值为 16，表示 CPU 使用内部 16MHz 的 RC 晶振。形参 osc 为其他值，表示 CPU 使用外部 32MHz 的晶振。无线通信程序只支持 32MHz。

（3）形参 timetick 用于设置定时器的输入频率，只能在 250kHz、500kHz、1MHz、2MHz、4MHz、8MHz、16MHz 和 32MHz 中选择一个。要求定时器的输入频率不能超过 CPU 频率。

2．设置 CPU 频率为 16MHz、定时器计数频率为 16MHz 的程序设计

clockSetMainSrc（'X'，16，16）；

3．设置 CPU 频率为 32MHz、定时器计数频率为 32MHz 的程序设计

clockSetMainSrc（'X'，32，32）；

注意：定时器频率不能超过 CPU 频率。

4．晶振频率的程序设计

改为 16MHz 频率的交通灯的程序如下：

```
01   void main( void)
02   {
03       clockSetMainSrc('X'，16，16);      //外部 32K, CPU 频率为 16MHz, 定时器频率为 16MHz
04       LED_Init ();                       //初始化 LED 引脚
05       LED1G = 1;                         //LED1 绿灯灭
06       LED2R = 1;                         //LED2 红灯灭
07       LED3Y = 0;                         //LED3 黄灯灭
08       while(1)
09       {
10           LED2R = 1;                     //LED2 红灯灭
11           LED1G = 0;                     //LED1 绿灯亮
12           halMcuWaitMs(5000);            //延时 5000ms
13           LED1G = 1;                     //LED1 绿灯灭
14           LED3Y = 1;                     //LED3 黄灯亮
15           halMcuWaitMs(3000);            //延时 3000ms
16           LED3Y = 0;                     //LED3 黄灯灭
17           LED2R = 0;                     //LED2 红灯亮
18           halMcuWaitMs(8000);            //延时 8000ms
19       }
20   }
```

将程序烧录到 Zigbee 板。绿灯亮 10s，黄灯亮 6s，红灯亮 16s，重复上述过程。可见，CPU 频率降低一半，交通灯时间增加一倍。

完整程序请参看电子资源之源代码"任务 1.7"。

任务1.8　按键

一、学习目标

（1）学习利用 CC2530 的 I/O 引脚读取外部高、低电平的方法。

（2）学习利用 CC2530 的 I/O 引脚识别按键处于"按下"还是"释放"的方法。

二、功能要求

本任务的功能要求是按下 S1 键红灯亮，按下 S2～S6 键（组合起来，被称为 JoyStick）任意一个红灯灭，黄灯每隔 100ms 闪烁一次（用于工作指示灯）。

三、电路工作原理

1. I/O 引脚输入的电路

I/O 输入是一种用于识别外部电平的工具。I/O 引脚连接设备的输出引脚，两者还需要共地线，如图 1.8.1 所示。设备存在两种状态，一种状态令设备往外输出一种电平；另一种状态令设备往外输出另一种电平；利用 I/O 引脚读取外部电平就知道设备处于哪一种状态。

例如，按键有"按下"与"释放"两种状态："按下"时，按键往外输出一种电平；"释放"时，按键往外输出另一种电平，通过识别电平就知道按键处于哪一种状态。

例如，火灾报警器有"无火灾"与"有火灾"两种状态："无火灾"时，火灾报警器往外输出一种电平；"有火灾"时，火灾报警器往外输出另一种电平；通过识别电平就知道当前有没有火灾。

总之，有两种状态的设备均能利用 I/O 引脚输入来识别。

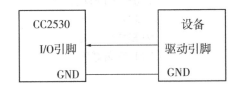

图 1.8.1　CC2530 的 I/O 引脚输入的电路图

2. 按键的电路

根据按键电路（图 1.0.6），S1 键连接 P 0.1 引脚，S2～S6 键中断引脚连接 P 2.0 引脚，还涉及 P 0.6 引脚。整理成 I/O 分配表可更直观掌握电路的控制方法，如表 1.8.1 所示。

表 1.8.1　I/O 分配表

I/O 引脚	功能	设备	高电平	低电平
P 0.1	I/O 输入	S1 键	释放	按下
P 2.0	I/O 输入	S2～S6 键	按下	释放
P 1.0	I/O 输出	绿灯 D1	灭	亮
P 1.1	I/O 输出	红灯 D2	灭	亮
P 1.4	I/O 输出	黄灯 D3	亮	灭

四、软件设计

1. I/O 输入的寄存器程序设计

正确设置 CC2530 的 PxSEL、PxDIR 与 PxINP 这三个寄存器，才能令 I/O 引脚读取外部高、低电平，详见表 1.6.2～表 1.6.4。

设置 P 0.1、P 0.6 与 P 2.0 三根引脚的寄存器时，只能修改自己的二进制位。使用任务 1.6 中"&=～"运算与"|="运算的三步法：

例 1　要求将 P 0.1 引脚为普通（清 0）。

第一步，写二进制数 0000 0010；

第二步，写成十六进制数 0x02；

第三步，使用"& = ～"运算，C 语言语句为　P 0SEL & = ～ 0x02；

例 2　要求将 P 0.6 引脚为三态（置 1）。

第一步，写二进制数 0100 0000；

第二步，写成十六进制数 0x40；

第三步，使用"| ="运算，C 语言语句为　P 0INP | = 0x40；

例 3　要求将 P 2.0 引脚为输入（清 0）。

第一步，写二进制数 0000 0001；

第二步，写成十六进制数 0x01；

第三步，使用"& = ～"运算，C 语言语句为　P2DIR & = ～ 0x01；

例 4　要求将 P 2.0 引脚为三态（置 1）。

第一步，写二进制数 0000 0001；

第二步，写成十六进制数 0x01；

第三步，使用"| ="运算，C 语言语句为　P2INP | = 0x01；

因此，写成函数用于初始化按键引脚，程序如下：

```
01   void KEY_init( void)
02   {
03     P 0SEL & = ~0x02;        // P 0.1 引脚为普通
04     P 0DIR & = ~0x02;        //    输入
05     P 0INP & = ~0x02;        //    上下拉电阻
06     P 0SEL & = ~0x40;        //P 0.6 引脚为普通
07     P 0DIR & = ~0x40;        //    输入
08     P 0INP | = 0x40;         //    三态
09     P2SEL & = ~0x01;         //P 2.0 引脚为普通
10     P2DIR & = ~0x01;         //    输入
11     P2INP | = 0x01;          //    三态
12     halMcuWaitMs( 100);      //过滤刚上电时 JoyStick 引脚的低电平
13   }
```

虽然 P 0.1 引脚开启上下拉电阻，但还是能正确识别 S1 键。如果换成 P 2.0 引脚开启上下拉电阻，S2 ～ S6 键的识别就会出问题。可见，**只有三态输入才能百分百确保 I/O 引脚正确识别外部电平**。

2. 识别按键的程序设计

按下按键 S1 时，会产生机械抖动现象。机械抖动会令程序误认为存在多次按下按键的行为。为了消除机械抖动的影响，可以用软件去抖，也可以用硬件电路去抖。

（1）软件去抖的方法：按"第一次识别按键→延时→第二次识别按键"时序，延时时间要大于抖动时间。两次都识别按键被按下，就认为按键被按下。

（2）硬件电路去抖的方法：用电容与按键并联，用电容吸收抖动信号波形。

在本次设计的按键电路中，S1 键没有硬件去抖功能，而 S2 ～ S6 键用一阶滤波电路吸收抖动信号波形而具有硬件电路去抖功能。

识别按键的程序流程图（图 1.8.2）及具体程序如下：

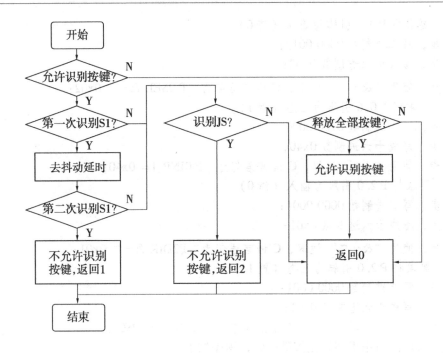

图 1.8.2 识别按键的程序流程图

```
01  #define   KEYS1   P 0_1              //按键 S1:0 被按下,1 释放
02  #define   KEYJS   P2_0               //按键 JoyStick :1 被按下,0 释放
03  #define   KEYt   50                  //防抖时间
04  u8   KEY_scan( void)                 //识别按键值,按一次只识别出一次
05  {
06    static   u8   key_up = 1;          //1 允许识别按键,0 不允许识别按键
07    if( key_up == 1)                   //允许识别按键
08    {
09      if( KEYS1 == 0)                  //第一次识别 S1 为被按下
10      {
11      halMcuWaitMs( KEYt) ;            //去抖动延时 50ms
12      if( KEYS1 == 0)                  //第二次识别 S1 也为被按下
13      {
14      key_up = 0;                      //不允许识别按键
15      return 1;                        //经过两次识别, S1 被按下
16      }
17      }
18      if( KEYJS == 1)                  //识别 JoyStick 为被按下
19      {
20        key_up = 0;                    //不允许识别按键
21        return 2;                      // JoyStick 被按下
22      }
23    }else if( KEYS1 == 1 && KEYJS == 0)    //S1 与 JoyStick 同时被释放
24    {
25        key_up = 1;                    //允许识别按键
26    }
27    return 0;                          //无按键被按下
```

28　}

3. 按下 S1 键红灯灭的程序设计

用变量 t 保存按键扫描 KEY_scan 函数的结果。如果变量 t 等于 1，就表示按下 S1 键。具体程序如下：

```
01   u8 t = 0;
02   t = KEY_scan();              //读取按键值
03   switch(t)
04   {
05      case 1:                   //按下 S1 键
06         LED2R = 1;             //LED2 红灯灭
07         break;
08   }
```

4. 按下 JoyStick 任意一个键红灯亮的程序设计

用变量 t 保存按键扫描 KEY_scan 函数的结果。如果变量 t 等于 2，就表示按下 JoyStick 任意一个键。具体程序如下：

```
01   u8 t = 0;
02   t = KEY_scan();              //读取按键值
03   switch(t)
04   {
05      case 2:                   //按下 JoyStick 任意一个
06         LED2R = 0;             //LED2 红灯亮
07         break;
08   }
```

5. 按键的程序设计

按键的程序流程图（图 1.8.3）及具体程序如下：

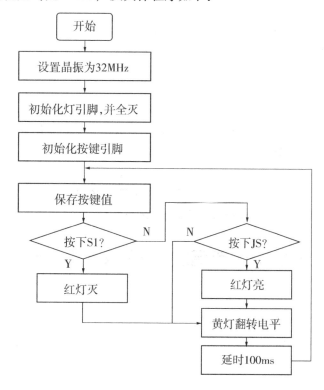

图 1.8.3　按键的程序流程图

```
01    #include "led. h"
02    #include "key. h"
03    void main( void)
04    {
05        u8 t = 0;
06        clockSetMainSrc('X', 32, 32);          //外部 32K, CPU 频率为 32MHz, 定时器频率为 32MHz
07        LED_Init();                            //初始化 LED 引脚
08        LED1G = 1;                             //LED1 绿灯灭
09        LED2R = 1;                             //LED2 红灯灭
10        LED3Y = 0;                             //LED3 黄灯灭
11        KEY_Init();                            //初始化 KEY 引脚
12        while(1)
13        {
14            t = KEY_scan();                    //读取按键值
15            switch(t)
16            {
17            case 1:                            //按下 S1 键
18                LED2R = 1;                     //LED2 红灯灭
19                break;
20            case 2:                            //按下 JoyStick 任意一个
21                LED2R = 0;                     //LED2 红灯亮
22                break;
23            }
24            LED3Y = ! LED3Y;                   //黄灯翻转
25            halMcuWaitMs(100);                 //延时 100ms
26        }
27    }
```

在 main 函数中, 程序按流程图编写而成, 具有一一对应的关系。

将程序烧录到 Zigbee 板。按下 S1 键, 红灯亮; 按下 JoyStick 任意一个, 红灯灭。

完整程序请看参看电子资源之源代码 "任务 1.8"。

总结:

按键识别 (KEY_scan 函数) 在 main 函数中使用, 这种使用方式被称为 "查询方式"。凡是使用查询方式的程序必须放在 main 函数的 while (1) 死循环中, 该程序才能持续生效。

任务 1.9　带调整时间的交通灯 (一)

一、学习目标

学习将任务 1.6 交通灯程序与任务 1.8 按键程序整合成一个程序的方法。

二、功能要求

本任务的功能要求如下:

（1）默认按"绿灯亮 5s，黄灯亮 3s，红灯亮 8s"的时序实现交通灯。

（2）按下 S1 键，红、绿灯时间减小 1s，最小为 1s；按下 S2 ～ S6 键任意一个，红、绿灯时间增加 1s，最大为 60s。

三、软件设计

1. 时间可调整的程序设计

在任务 1.6 中，红、绿灯点亮时间分别用常量 5000 与 8000 表示。要将此时间设为可调整，则应将常量改成变量。因为时间取值范围为 1 ～ 60s，所以变量的数据类型可用 u16。具体程序如下：

```
u16  tt = 5000;
halMcuWaitMs(tt);              //延时 tt ms
```

2. 调整时间的程序设计

调整时间的程序流程图如图 1.9.1 所示。

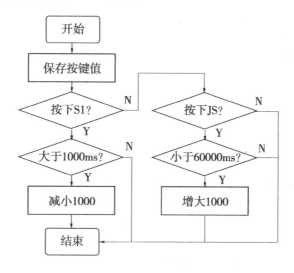

图 1.9.1　调整时间的程序流程图

调整时间的程序如下：

```
01   u8 t = 0;
02   t = KEY_scan();                 //读取按键值
03   switch(t)
04   {
05   case 1:                         //按下 S1 键
06       if(tt > 1000) tt -= 1000;   //大于 1000ms 可减 1000ms
07       break;
08   case 2:                         //按下 JoyStick 任意一个
09       if(tt < 60000) tt += 1000;  //小于 60000ms 可加 1000ms
10       break;
11   }
```

3. 带调整时间的交通灯的程序设计

带调整时间的交通灯的程序流程图如图 1.9.2 所示。

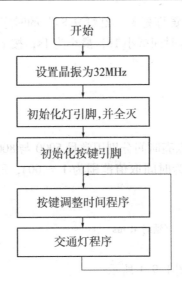

图 1.9.2 带调整时间的交通灯的程序流程图

带调整时间的交通灯的程序如下:

```
01    #include "led. h"
02    #include "key. h"
03    void main( void)
04    {
05        u8 t = 0;
06        u16 tt = 5000;
07        clockSetMainSrc( 'X' , 32, 32) ;//外部 32K, CPU 频率为 32MHz, 定时器频率为 32MHz
08        // ============ 任务 1.6 程序 开始 ============
09        LED_Init( );              //初始化 LED 引脚
10        LED1G = 1;                //LED1 绿灯灭
11        LED2R = 1;                //LED2 红灯灭
12        LED3Y = 0;                //LED3 黄灯灭
13        // ============ 任务 1.6 程序 结束 ============
14        // ============ 任务 1.8 程序开始 ============
15        KEY_Init( );              //初始化 KEY 引脚
16        // ============ 任务 1.8 程序 结束 ============
17        while(1)
18        {
19          // ============ 任务 1.8 程序开始 ============
20          t = KEY_scan( );          //读取按键值
21          switch(t)
22          {
23          case 1:                  //按下 S1 键
24            if( tt > 1000)  tt -= 1000;    //大于 1000ms( 1s) 可减 1000ms( 1s)
25            break;
26          case 2:                  //按下 JoyStick 任意一个
27            if( tt < 60000) tt += 1000;    //小于 60000ms( 60s) 可加 1000ms( 1s)
```

```
28        break;
29    }
30    // ============ 任务 1.8 程序 结束 ============
31    // ============ 任务 1.6 程序 开始 ============
32    LED2R = 1;              //LED2 红灯灭
33    LED1G = 0;              //LED1 绿灯亮
34    halMcuWaitMs(tt);       //延时 tt ms
35    LED1G = 1;              //LED1 绿灯灭
36    LED3Y = 1;              //LED3 黄灯亮
37    halMcuWaitMs(3000);     //延时 3000ms
38    LED3Y = 0;              //LED3 黄灯灭
39    LED2R = 0;              //LED2 红灯亮
40    halMcuWaitMs(tt + 3000);  //延时 (tt + 3000) ms
41    // ============ 任务 1.6 程序 结束 ============
42    }
43  }
```

此时的交通灯程序与按键调整时间程序按 C 语言的顺序结构拼在一起就完成了。

将程序烧录到 Zigbee 板。按下 S1 键，交通灯时间 tt 减小 1000ms；按下 JoyStick 任意一个，时间增加 1000ms；绿灯亮 tt ms，黄灯亮 3000ms，红灯亮（tt + 3000）ms，重复上述过程。

此程序运行起来有一个问题，按键识别很不灵敏，即按了按键也无法修改红、绿灯时间。只有按键在红灯亮时被按下，直至绿灯亮而被释放，才能成功修改红、绿灯时间。下一个任务 1.10 会改善这个问题。

完整程序请参看电子资源之源代码"任务 1.9"。

任务 1.10 带调整时间的交通灯（二）

一、学习目标

学习大延时"化整为零"编程思想的应用。

二、功能要求

本任务的功能要求与任务 1.9 一样。

三、软件设计

1. 大延时"化整为零"的程序设计

在任务 1.9 中，按键识别很不灵敏是因为 main 函数 while（1）死循环中循环一次的时间太长。按"绿灯亮 5s，黄灯亮 3s，红灯亮 8s"的时序，循环一次的时间为 5 + 3 + 8 = 16s。即每隔 16s 识别一次按键。而每次用于识别按键的时间只有微秒级，才会出现"按键识别很不灵敏"的问题。解决问题的办法是"化整为零"将 5s、3s 与 8s 分别拆成每份 10ms，并且每 10ms 识别一次按键。流程图（图 1.10.1）及具体程序如下：

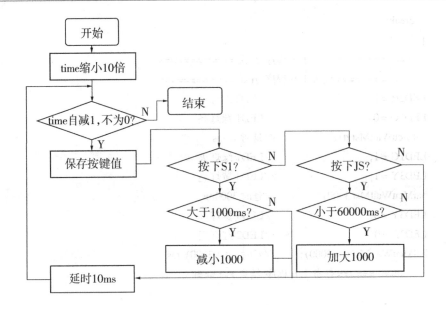

图 1.10.1   "化整为零"的程序流程图

```
01    u16   tt = 5000;
02    void LED_delay( u16 time)
03    {
04      u8 t;
05      time/ = 10;
06      while( time -- )              //100 个 10ms 为 1s
07      {
08      t = KEY_scan( );             //读取按键值
09      switch( t)
10      {
11      case 1:                      //按下 S1 键
12        if( tt > 1000) tt -= 1000;  //大于 1000ms(1s)可减 1000ms(1s)
13        break;
14      case 2:                      //按下 JoyStick 任意一个
15        if( tt < 60000) tt += 1000; //小于 60000ms(60s)可加 1000ms(1s)
16        break;
17      }
18      halMcuWaitMs( 10);           //延时 10ms
19      }
20    }
```

2. 带调整时间的交通灯的程序设计

带调整时间的交通灯的程序流程图如图 1.10.2 所示。

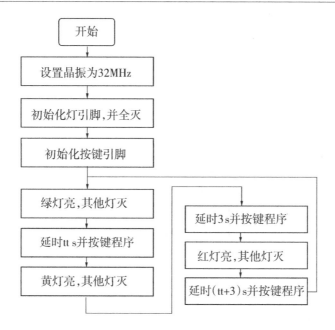

图 1.10.2 带调整时间的交通灯的程序流程图

带调整时间的交通灯的程序如下:

```
01   #include "led. h"
02   #include "key. h"
03   u16 tt = 5000;
04   void LED_delay( u16 time)
05   {
06     u8 t;
07     time/ = 10;
08     while( time -- )              //100 个 10ms 为 1s
09     {
10       t = KEY_scan( );            //读取按键值
11       switch( t)
12       {
13       case 1:                     //按下 S1 键
14         if( tt > 1000) tt -- 1000;  //大于 1000ms(1s) 可减 1000ms(1s)
15         break;
16       case 2:                     //按下 JoyStick 任意一个
17         if( tt < 60000) tt += 1000;  //小于 60000ms(60s) 可加 1000ms(1s)
18         break;
19       }
20       halMcuWaitMs( 10) ;
21     }
22   }
23   void main( void)
24   {
25     clockSetMainSrc( 'X' , 32, 32) ;   //外部 32K, CPU 频率为 32MHz, 定时器频率为 32MHz
```

```
26      LED_Init();              //初始化 LED 引脚
27      LED1G = 1;               //LED1 绿灯灭
28      LED2R = 1;               //LED2 红灯灭
29      LED3Y = 0;               //LED3 黄灯灭
30      KEY_Init();              //初始化 KEY 引脚
31      while(1)
32      {
33          LED2R = 1;           //LED2 红灯灭
34          LED1G = 0;           //LED1 绿灯亮
35          LED_delay(tt);       //延时 tt ms
36          LED1G = 1;           //LED1 绿灯灭
37          LED3Y = 1;           //LED3 黄灯亮
38          LED_delay(3000);     //延时 3000ms
39          LED3Y = 0;           //LED3 黄灯灭
40          LED2R = 0;           //LED2 红灯亮
41          LED_delay(tt + 3000); //延时(tt + 3000) ms
42      }
43  }
```

将程序烧录到 Zigbee 板。按下 S1 键，交通灯时间 tt 减小 1000ms；按下 JoyStick 任意一个，时间增加 1000ms；绿灯亮 tt ms，黄灯亮 3000ms，红灯亮（tt + 3000）ms，重复上述过程。

此程序运行起来解决了按键识别不灵敏的问题。但是因为识别按键函数有 50ms 的防抖时间，所以修改四路交通灯的其中一路时间的次数越多，防抖时间积累得越多，最终与其他三路的时间越来越不协调。下一个任务 1.11 会改善这个问题。

完整程序请参电子资源之看源代码"任务 1.10"。

任务 1.11　带调整时间的交通灯（三）

一、学习目标

（1）学习 CC2530 外部中断的用法。

（2）学习利用 CC2530 外部中断识别按键处于"按下"还是"释放"的方法。

二、功能要求

本任务的功能要求与任务 1.9 一样。

三、软件设计

1. 外部中断的寄存器程序设计

外部中断是一种用于立刻响应外部触发信号的工具。 外部中断是指在外部电平触发下，单片机暂停 main 函数的程序，跳到外部中断服务函数；当完成外部中断服务函数后，再跳回 main 函数，从原来暂停的位置继续执行下去。

外部中断与"数字电子技术"的触发器一样，分为电平触发、下降沿触发与上升沿触发。CC2530 只有下降沿触发与上升沿触发两种。**实质上，外部中断与 I/O 输入一样，利用引脚在高、低电平来识别外部设备的状态。因此，外部中断与 I/O 输入在功能上有一定的重叠，即 I/O 输入能实现的功能，外部中断也能实现。**前面两个任务是利用 I/O 输入识别按键，再调整交通灯的时间。现在也能利用外部中断来识别按键。

外部中断与 I/O 输入的工作过程是不一样的。I/O 输入是在 main 函数中以查询的形式执行。单片机除了执行 I/O 输入程序，还需执行 main 函数其他程序，也就是说每隔一段时间才执行一次 I/O 输入程序。而外部中断可以令单片机暂停 main 函数程序，且立刻执行外部中断服务函数。**在响应时间上，外部中断比 I/O 输入快很多。外部中断更适合用于"不能确定发生时间的急事"。**

例如，利用 I/O 输入方式识别火灾报警，会显得火灾报警太慢。请问什么时候会发生火灾？不能确定，最好使用外部中断来代替 I/O 输入。

用 I/O 输入方式识别门禁读卡器的韦根协议信号，会出现漏失二进制位，例如，只读到 24 位韦根其中的 20 位，可见漏了 4 位。请问什么时候会刷门禁卡？不能确定，最好使用外部中断来代替 I/O 输入。

引脚中断包括引脚中断控制寄存器、引脚中断使能寄存器与引脚中断标志寄存器三大类。引脚**中断控制**寄存器是 PICTL，引脚**中断使能**寄存器由 P 0IEN、P1IEN 与 P2IEN 组成，引脚**中断标志**寄存器由 P 0IFG、P1IFG 与 P2IFG 组成，如表 1.11.1 所示。

中断寄存器包括中断使能寄存器与中断标志寄存器两类。中断使能寄存器由 IEN0、IEN1 与 IEN2 组成，如表 1.11.2 所示。中断标志寄存器由 TCON、S0CON、S1CON、IR-CON 与 IRCON2 组成，如表 1.11.3 所示。

表 1.11.1　引脚中断寄存器

位	PICTL 寄存器	P 0IEN 寄存器	P1IEN 寄存器	P2IEN 寄存器	P 0IFG 寄存器	P1IFG 寄存器	P2IFG 寄存器
7	PADSC	P 0.7	P1.7	—	P 0.7	P1.7	—
6	—	P 0.6	P1.6	—	P 0.6	P1.6	—
5	—	P 0.5	P1.5	DPIEN	P 0.5	P1.5	DPIF
4	—	P 0.4	P1.4	P 2.4	P 0.4	P1.4	P 2.4
3	P2ICON （P 2.0～P 2.4）	P 0.3	P1.3	P 2.3	P 0.3	P1.3	P 2.3
2	P1ICONH （P1.4 - P1.7）	P 0.2	P1.2	P 2.2	P 0.2	P1.2	P 2.2
1	P1ICONL （P1.0～P1.3）	P 0.1	P1.1	P 2.1	P 0.1	P1.1	P 2.1
0	P 0ICON （P 0.0～P 0.7）	P 0.0	P1.0	P 2.0	P 0.0	P1.0	P 2.0
备注	0：上升沿 1：下降沿	0：关闭引脚中断 1：启动引脚中断			0：引脚未发生中断 1：引脚已发生中断		

表 1.11.2 中断使能寄存器

位	IEN0 寄存器	IEN1 寄存器	IEN2 寄存器
7	EA（全部中断）	—	—
6		—	—
5	STIE（睡眠定时器）	P0IE（P0 外部中断）	WDTIE（看门狗）
4	ENCIE（AES 加解密）	T4IE（定时器 4）	P1IE（P1 外部中断）
3	URX1IE（串口 1 接收）	T3IE（定时器 3）	UTX1IE（串口 1 发送）
2	URX0IE（串口 0 接收）	T2IE（定时器 2）	UTX0IE（串口 0 发送）
1	ADCIE（模数转换）	T1IE（定时器 1）	P2IE（P2 外部中断）
0	RFERRIE（无线 FIFO）	DMAIE（DMA 传输）	RFIE（无线通信）
备注	0：关闭中断 1：启动中断	0：关闭中断 1：启动中断	0：关闭中断 1：启动中断

表 1.11.3 中断标志寄存器

位	TCON 寄存器	S0CON 寄存器	S1CON 寄存器	IRCON 寄存器	IRCON2 寄存器
7	URX1IF（串口 1 接收）	—	—	STIF（睡眠定时器）	—
6	—	—	—	无	—
5	ADCIF（模数转换）	—	—	P0IF（P0 外部中断）	—
4	—	—	—	T4IF（定时器 4）	WDTIF（看门狗）
3	URX0IF（串口 0 接收）	—	—	T3IF（定时器 3）	P1IF（P1 外部中断）
2	IT1（未使用）	—	—	T2IF（定时器 2）	UTX1IF（串口 1 发送）
1	RFERRIF（无线 FIFO）	ENCIF_1（AES 加解密）	RFIF_1（无线通信）	T1IF（定时器 1）	UTX0IF（串口 0 发送）
0	IT0（未使用）	ENCIF_0（AES 加解密）	RFIF_0（无线通信）	DMAIF（DMA 传输）	P2IF（P2 外部中断）
备注	0：未发生中断 1：已发生中断	0：未发生中断 1：已发生中断	0：未发生中断 1：已发生中断	0：未发生中断 1：已发生中断	0：未发生中断 1：已发生中断

CC2530 的任何一根 I/O 引脚均能触发外部中断。外部中断的内部结构由前述五个寄存器组成，如图 1.11.1 所示。

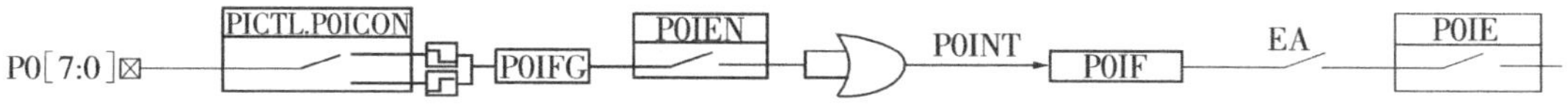

图 1.11.1 外部中断的内部结构图

正确设置这五个寄存器，才能启动外部中断。注意语句的书写顺序。可使用任务 1.6 中 "& = ~" 运算与 " | = " 运算的三步法。

例 1 要求初始化 P0.1 引脚为外部中断（PICTL 寄存器的第 0 位 P0ICON）（清 0）。

第一步，写二进制数 0000 0001；

第二步，写成十六进制数 0x01；

第三步，使用 "& = ~" 运算，C 语言语句为　PICTL & = ~ 0x01；

例 2 要求将 P0 口中断使能（IEN1 寄存器的第 5 位 P0IE）（置 1）。

第一步，写二进制数 0010 0000；

第二步，写成十六进制数 0x20；

第三步，使用 " | = " 运算，C 语言语句为　IEN1　| = 0x20；

例 3 要求清除 P2.0 中断标志位（P2IFG 寄存器的第 0 位）（清 0）。

第一步，写二进制数 0000 0001；

第二步，写成十六进制数 0x01；

第三步，使用 "& = ~" 运算，C 语言语句为　P2IFG & = ~0x01；

例 4 要求中断使能引脚：P2.0（P2IEN 寄存器的第 0 位）（置 1）。

第一步，写二进制数 0000 0001；

第二步，写成十六进制数 0x01；

第三步，使用 " | = " 运算，C 语言语句为　P2IEN | = 0x01；

2. 初始化 P0.1 与 P2.0 引脚为外部中断的程序设计

```
01  void KEY_ISR_init( void)
02  {
03    KEY_Init ();         //初始化 KEY 引脚
04    PICTL &= ~0x01;      //初始化 P0.1 引脚为外部中断: P0.0～P0.7 上升沿触发
05    P0IEN |= 0x02;       //    中断使能引脚: P0.1
06    IEN1   |= 0x20;      //    P0 口中断使能
07    P0IFG &= ~0x02;      //    清除 P0.1 中断标志位
08    P0IF = 0;            //    清除 P0 端口中断标志
09    PICTL |= 0x08;       //初始化 P2.0 引脚为外部中断: P2.0～P2.4 下降沿触发
10    P2IEN |= 0x01;       //    中断使能引脚: P2.0
11    IEN2   |= 0x02;      //    P2 口中断使能
12    P2IFG &= ~0x01;      //    清除 P2.0 中断标志位
13    P2IF = 0;            //    清除 P2 端口中断标志
14    EA = 1;              //开启全部中断
15  }
```

3. P0 端口外部中断的程序设计

要求在 P0.1 引脚的外部中断函数中时间减 1s，流程图（图 1.11.2）及具体程序如下：

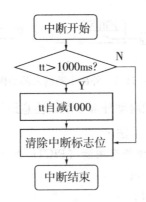

图 1.11.2　中断时间减 1s 流程图

```
01   #pragma vector = P0INT_VECTOR   //格式: #pragma vector = 中断向量
02   __interrupt void P0_ISR(void)     //P0 中断处理函数
03   {
04       if( tt > 1000) tt -= 1000;        //大于 1000ms(1s)可减 1000ms(1s)
05       P0IFG = 0;                       //清除 P0 端口中断标志位
06       P0IF = 0;                        //清除 P0 端口中断标志
07   }
```

4. P2 端口外部中断的程序设计

要求在 P2.0 引脚的外部中断函数中时间加 1s，流程图（图 1.11.3）及具体程序如下:

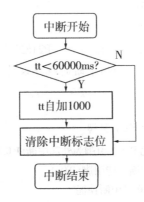

图 1.11.3　中断时间加 1s 流程图

```
01   #pragma vector = P2INT_VECTOR   //格式: #pragma vector = 中断向量
02   __interrupt void P2_ISR(void)     //P2 中断处理函数
03   {
04       if( tt < 60000) tt += 1000;       //小于 60000ms(60s)可加 1000ms(1s)
05       P2IFG =0;                        //清除 P2 端口中断标志位
06       P2IF = 0;                        //清除 P2 端口中断标志
07   }
```

5. 带调整时间的交通灯的程序设计

带调整时间的交通灯的程序流程图如图 1.11.4 所示。

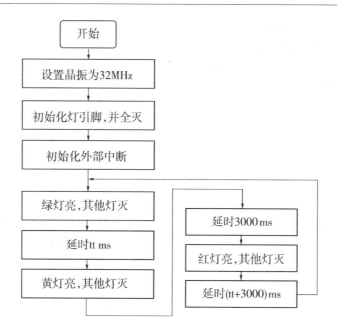

图 1.11.4 带调整时间的交通灯的程序流程图

带调整时间的交通灯的程序如下：

```
01  #include "led. h"
02  #include "key. h"
03  #include "exit. h"
04  u16 tt = 5000;
05  void main( void)
06  {
07    clockSetMainSrc( 'X' , 32, 32);   //外部 32K, CPU 频率为 32MHz, 定时器频率为 32MHz
08    LED_Init();                        //初始化 LED 引脚
09    LED1G = 1;                         //LED1 绿灯灭
10    LED2R = 1;                         //LED2 红灯灭
11    LED3Y = 0;                         //LED3 黄灯灭
12    KEY_ISR_init();                    //初始化外部中断
13    while(1)
14    {
15      LED2R = 1;                       //LED2 红灯灭
16      LED1G = 0;                       //LED1 绿灯亮
17      halMcuWaitMs(tt);                //延时 tt ms
18      LED1G = 1;                       //LED1 绿灯灭
19      LED3Y = 1;                       //LED3 黄灯亮
20      halMcuWaitMs(3000);              //延时 3000ms
21      LED3Y = 0;                       //LED3 黄灯灭
22      LED2R = 0;                       //LED2 红灯亮
23      halMcuWaitMs(tt + 3000);         //延时 (tt + 3000) ms
24    }
25  }
```

```
26    #pragma vector = P0INT_VECTOR              //P0 中断处理函数
27    __interrupt void P0_ISR(void)
28    {
29        if(tt > 1000) tt -= 1000;               //大于1000ms(1s)可减1000ms(1s)
30        P0IFG = 0;                              //清除P0端口中断标志位
31        P0IF = 0;                               //清除P0端口中断标志
32    }
33    #pragma vector = P2INT_VECTOR              //P2 中断处理函数
34    __interrupt void P2_ISR(void)
35    {
36        if(tt < 60000) tt += 1000;              //小于60000ms(60s)可加1000ms(1s)
37        P2IFG = 0;                              //清除P2端口中断标志位
38        P2IF = 0;                               //清除P2端口中断标志
39    }
```

将程序烧录到 Zigbee 板。按下 S1 键，再松开时，交通灯时间 tt 减小 1000ms；按下 Joy-Stick 任意一个，时间增加 1000ms；绿灯亮 tt ms，黄灯亮 3000ms，红灯亮（tt + 3000）ms，重复上述过程。

在任务 1.8 中，按键的机械抖动会影响 I/O 输入的识别，这里也会对外部中断产生很大影响。S2 ～ S6 键有硬件电路去抖动，每按一次，外部中断一次。而 S1 键没有硬件电路去抖动，每按一次，机械抖动可能触发多次外部中断。

完整程序请看电子资源之源代码"任务 1.11"。

总结：

（1）外部中断服务函数与 main 函数各自独立书写，在 main 函数中初始化外部中断后，外部中断能独立于 main 函数工作。它们之间靠全局变量（本任务是变量 tt）联系在一起的。建议中断服务函数不使用耗时大的语句，要做到"尽快离开"的效果。

（2）本任务使用"中断方式"处理按键，与任务 1.8 使用"查询方式"处理按键相比，能更快响应按键识别。

（3）外部中断涉及内容，以 P0.1 引脚为例：

第一，开启总中断，代码为　EA = 1；

第二，开启 P0 端口外部中断，IEN1 寄存器第 5 位二进制位，代码为

IEN1 |= 0x20;　// 0010 0000(三步法)

第三，开启 P0.1 引脚外部中断，P0IEN 寄存器第 1 位二进制位，代码为

P0IEN |= 0x01;　// 0000 0010(三步法)

第四，选择外部中断的触发方式，PICTL 寄存器第 0 位二进制位，

上升沿触发代码为　PICTL &= ~ 0x01;　// 0000 0001(三步法)

下降沿触发代码为　PICTL |= 　0x01;　// 0000 0001(三步法)

第五，编写外部中断函数；

第六，如何知道发生了外部中断？（外部中断标志位）

P0 端口发生外部中断，IRCON 寄存器第 5 位二进制位 P0IF。清除中断的代码为　P0IF = 0；P0.1 引脚发生外部中断，P0IFG 寄存器第 1 位二进制位。判断发生中断的条件语句为 if((P0IFG & 0x02)! = 0){}。

清除引脚外部中断的代码为　　　P0IFG＝0;

通常清除 P0 端口所有引脚, 不会单独清除某一根引脚。

　本任务在外部中断函数中加、减 1s 的耗时很短, 因此可以将语句写进外部中断函数中。对于大耗时的语句, 先用全局变量作标志, 再在 main 函数中实现大耗时的语句。任务 2.7 中, 处理串口数据属于大耗时的语句。因此, 串口中断函数读取串口数据, 先用全局变量保存串口数据, 再在 main 函数中处理串口数据。

任务 1.12　液晶屏

一、学习目标

（1）学习 CC2530 三总线的用法。

（2）学习对 LCD 进行全屏清屏操作的方法。

（3）学习在 LCD 指定行列以正白或反白显示字符、无符号整数、有符号整数与浮点数的方法。

二、功能要求

本任务的具体要求如下:

（1）一上电, LCD 显示白屏。

（2）按下 S1 键, LCD 显示以下内容:

第一行从水平坐标 0 显示 "LCD is showing!", 正白显示。

第二行从水平坐标 20 以 5 位十进制显示 5000, 结果为 05000, 反白显示。

第三行从水平坐标 40 显示 5 位十进制数 －520, 结果为 －00520, 反白显示。

第四行从水平坐标 60 显示 "3 位整数与 2 位小数" 的浮点数 123.456, 结果为 123.45, 正白显示。

（3）按下 S2 ～ S6 键任意一个, LCD 显示以下内容:

第一行从水平坐标 10 显示 "LCD is showing!", 反白显示。

第二行从水平坐标 15 以 4 位十六进制显示 5000, 结果为 1388, 正白显示。

第三行从水平坐标 20 显示 4 位十进制数 －520, 结果为 －0520, 正白显示。

第四行从水平坐标 30 显示 "4 位整数与 4 位小数" 的浮点数 123.456, 结果为 0123.4560, 反白显示。

三、电路工作原理

1. 三总线电路

三总线是一种用于与外部芯片进行双向通信的工具。三总线由片选引脚 CS、时钟引脚 SCK、主机输出从机输入 MOSI、主机输入从机输出 MISO 组成。将 CC2530 的 MOSI、MISO、SCK、I/O 引脚分别连接到设备的 MOSI、MISO、SCK、CS 引脚, 两者还需要共地线, 如图 1.12.1 所示。CC2530 有 2 路三总线, 其引脚分布如表 1.12.1 所示。

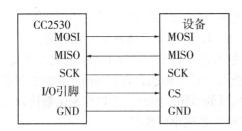

图 1.12.1　CC2530 的三总线电路图

表 1.12.1　三总线引脚分配图

三总线引脚		CS	SCK	MOSI	MISO
串行通信 0	Alt. 1	P 0.4	P 0.5	P 0.3	P 0.2
	Alt. 2	P1.2	P1.3	P1.5	P1.4
串行通信 1	Alt. 1	P 0.2	P 0.3	P 0.4	P 0.5
	Alt. 2	P1.4	P1.5	P1.6	P1.7

例如，现有两块单片机分别命名为 1 号与 2 号。1 号采集温度，2 号采集湿度。现要求 1 号将温度传输给 2 号，2 号将湿度传输给 1 号。为了实现这个要求，两块单片机之间必须实现双向通信，可以借助三总线这个工具。

2. 液晶屏电路

根据 LCD 液晶屏电路（图 1.0.7），SCK 连接 P1.5 引脚、SDA 连接 P1.6 引脚、RS 连接 P 0.0 引脚，CS 连接 P1.2 引脚。这里选择了 CC2530 的串行通信 1 的 Alt. 2。整理成 I/O 分配表能更直观掌握电路的控制方法，如表 1.12.2 所示。

表 1.12.2　I/O 分配表

I/O 引脚	功能	设备	高电平	低电平
P1.2	I/O 输出	LCD 的 CS	停止 SPI 通信	与 LCD 进行 SPI 通信
P 0.0	I/O 输出	LCD 的 RS	向 LCD 传输数据	向 LCD 传输指令
P1.5	SCK	LCD 的 SCK	—	—
P1.6	MOSI	LCD 的 SDA	—	—
P 0.1	I/O 输入	S1 键	释放	按下
P2.0	I/O 输入	S2～S6 键	按下	释放
P1.0	I/O 输出	绿灯 D1	灭	亮
P1.1	I/O 输出	红灯 D2	灭	亮
P1.4	I/O 输出	黄灯 D3	亮	灭

常见的液晶屏有 12864、12232 与 1602。12864 是指 LCD 的显示点阵是水平 128 个点与垂直 64 个点。以 8×8 显示一个字符为例，12864 能显示 8 行字符，每行显示 16 个字符，共 128 个字符。以 8×16 为例，12864 能显示 4 行字符，每行显示 16 个字符，共 64 个字符。

四、软件设计

1. I/O 引脚的寄存器程序设计

正确设置 CC2530 的 PERCFG 寄存器，才能令 I/O 工作于特殊功能，具体如表 1.12.3 所示。

表 1.12.3 外设控制寄存器 PERCFG

位	复位后默认值	备注
7	0	没有使用
6	0	定时器 1 的 I/O 位置： 0：Alt.1 1：Alt.2
5	0	定时器 3 的 I/O 位置： 0：Alt.1 1：Alt.2
4	0	定时器 4 的 I/O 位置： 0：Alt.1 1：Alt.2
3：2	00	没有使用
1	0	串行 1（包括串口与三总线）的 I/O 位置： 0：Alt.1 1：Alt.2
0	0	串行 0（包括串口与三总线）的 I/O 位置： 0：Alt.1 1：Alt.2

使用任务 1.6 中 "&= ~" 运算与 " |=" 运算的三步法：

例 1 要求将串行 1 的 I/O 位置使用 Alt.2（PERCFG 寄存器的第 1 位）（置 1）。

第一步，写二进制数 0000 0010；

第二步，写成十六进制数 0x02；

第三步，使用 " |=" 运算，C 语言语句为 PERCFG |= 0x02；

例 2 要求特殊引脚：P1.7、P1.6、P1.5（P1SEL 寄存器的第 5 ～ 7 位）（置 1）。

第一步，写二进制数 1110 0000；

第二步，写成十六进制数 0xE0；

第三步，使用 " |=" 运算，C 语言语句为 P1SEL |= 0xE0；

设置 P0.0 与 P1.2 引脚为普通、输出、开启上下拉电阻，设置 P1.5、P1.6 与 P1.7 引脚为特殊、SPI1 模式，具体程序如下：

```
01  P0SEL &= ~0x01;     //引脚 P0.0: 普通
02  P0DIR |= 0x01;      //  输出
03  P0INP &= ~0x01;     //  上下拉电阻
04  P1SEL &= ~0x04;     //引脚 P1.2: 普通
05  P1DIR |= 0x04;      //  输出
06  P1INP &= ~0x04;     //  上下拉电阻
07  PERCFG |= 0x02;     //USART1 用于 SPI,P1_7(MISO),P1_6(MOSI),P1_5(SCK),Alt2
08  P1SEL   |= 0xE0;    //特殊引脚:P1.7  P1.6  P1.5
```

2. 三总线工作模式的寄存器程序设计

正确设置 CC2530 的 U1DBUF、U1BAUD、U1CSR 与 U1GCR 这 4 个寄存器，才能令 SPI1 正常工作。关于这 4 个寄存器，与 SPI0 的 4 个寄存器（U0DBUF、U0BAUD、U0CSR 与 U0GCR）的用法一样，具体如表 1.12.4～表 1.12.7 所示。

表 1.12.4　串行通信的收发字节寄存器 U1DBUF

位	复位后默认值	备注
7：0	0x00	接收字节或发送字节的寄存器

表 1.12.5　串行通信的速率控制寄存器 U1BAUD

位	复位后默认值	备注
7：0	0x00	BAUD_M［7：0］用于计算串口波特率与三总线时钟频率

表 1.12.6　串行通信的控制与状态寄存器 U1CSR

位	复位后默认值	备注
7	0	串行模式： 0：三总线　　　　　　　　　1：串口
6	0	串口接收使能： 0：禁止接收　　　　　　　　1：允许接收
5	0	三总线主从机模式： 0：主机　　　　　　　　　　1：从机
4	0	串口帧错误状态： 0：无错误　　　　　　　　　1：已接收 1 个字节但停止位错误
3	0	串口校验错误状态： 0：无错误　　　　　　　　　1：已接收 1 个字节但校验错误
2	0	接收状态，用于串口模式与三总线从机模式： 0：未收到字节　　　　　　　1：已收到 1 字节
1	0	发送状态，用于串口模式与三总线主机模式： 0：未发送完　　　　　　　　1：已发送完
0	0	串行收发状态： 0：通信处于空闲状态　　　　1：通信处于忙碌状态

表 1.12.7　串行通信的通用控制寄存器 U1GCR

位	复位后默认值	备注
7	0	三总线时钟极性（CPOL）： 0：负时钟极性　　　　　　　1：正时钟极性
6	0	三总线时钟相位（CPHA）： 0：第一个时钟边沿时，主机向从机发送字节，从机采样； 　　第二个时钟边沿时，主机从从机接收字节，从机输出； 1：第一个时钟边沿时，主机从从机接收字节，从机采样； 　　第二个时钟边沿时，主机向从机发送字节，从机输出

位	复位后默认值	备注
5	0	二进制位发送顺序： 0：先发 LSB，即从 1 个字节的最低位开始发送 1：先发 MSB，即从 1 个字节的最高位开始发送
4：0	0 0000	BAUD_E［4：0］用于计算串口波特率与三总线时钟频率

　　三总线由 CPOL 与 CPHA 组合，有四种工作模式，如表 1.12.8 所示，其工作时序如图 1.12.2 所示。SPI 时钟速率按式（1.12 - 1）计算。

$$串行速率 = \frac{(256 + BAUD\_M) \times 2^{BAUD\_E}}{2^{28}} \times CPU\ 频率 \qquad (1.12 - 1)$$

表 1.12.8　三总线的四种工作模式与区别

工作模式	CPOL	CPHA	SCK 上升沿	SCK 下降沿	SCK 默认电平
0	0	0	MOSI（主机）	MISO（主机）	低电平
1	0	1	MISO（主机）	MOSI（主机）	低电平
2	1	0	MISO（主机）	MOSI（主机）	高电平
3	1	1	MOSI（主机）	MISO（主机）	高电平

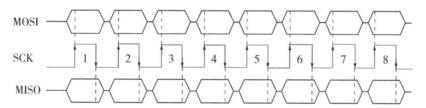

（a）SPI 模式 0 工作时序

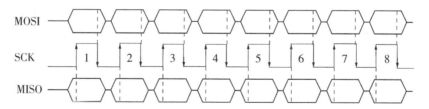

（b）SPI 模式 1 工作时序

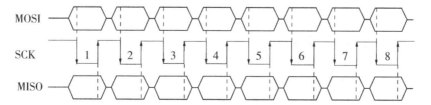

（c）SPI 模式 2 工作时序

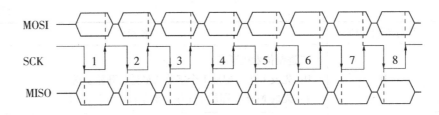

(d) SPI 模式 3 工作时序

图 1.12.2　三总线的四种工作模式

　　本次液晶屏使用的控制器 IC 型号是 ST7567，在 SCK 上升沿时，ST7567 接收 CC530 发送的数据，并从高位二进制（MSB）开始接收，其工作时序如图 1.12.3 所示。可见，ST7567 支持 SPI 模式 0 与模式 3。ST7567 处于 SPI 从机模式，CC2530 处于 SPI 主机模式。

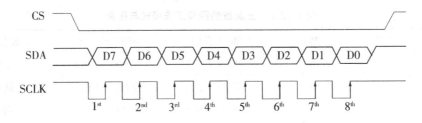

图 1.12.3　LCD 控制器 ST7567 的工作时序

　　这里设置三总线工作于 SPI 模式 0、先发 MSB、时钟速率 1MHz，具体程序如下：

```
01  U1UCR   = 0x80;    //只用于串口通信,清除缓存
02  U1CSR   = 0x00;    //SPI 模式,关接收,SPI 主机,无帧错误检测,无奇偶错误检测
                       //没有收到字节,字节没有发送,通信处于空闲状态
03  U1GCR   = 0x2F;    //模式 0,先发 MSB,BAUD_E = 15
04  U1BAUD  = 0;       // BAUD_M = 0
```

　　3. 三总线读写 1 个字节的程序设计

　　三总线读写 1 个字节的工作时序是 CS 引脚为低电平，清除收与发完成标志位，往收发字节寄存器写入字节，等待发送完成，返回收发字节寄存器，CS 引脚为高电平。

　　使用任务 1.6 中“& = ~”运算与“| =”运算的三步法：

　　例 1　要求清除收与发完成标志位（U1CSR 寄存器的第 1～2 位）（清 0）。

　　第一步，写二进制数 0000 0110；

　　第二步，写成十六进制数 0x06；

　　第三步，使用“& = ~”运算，C 语言语句为　U1CSR & = ~0x06；

　　例 2　要求等待发送完成。如果 U1CSR 寄存器的第 1 位为 0，就表示发送完成。这就是要求只判断 U1CSR 寄存器的第 1 位，其他位要清 0。因此，只能使用“与”运算。

　　第一步，写二进制数 0000 0010；

　　第二步，写成十六进制数 0x02；

　　第三步，使用“与”运算，让 U1CSR 寄存器只保存第 1 位，C 语言语句为　U1CSR & 0x02；判断 U1CSR 寄存器的第 1 位为 0 的 C 语言表达式为

　　（U1CSR & 0x02）== 0　或者　！（U1CSR & 0x02）

　　将这个表达式放到 while 循环中就能实现“等待”，C 语言语句为　while（！（U1CSR

& 0x02）)；

为了让三总线读写 1 个字节，需要给函数设置一个形参 dat，用于发送 1 个字节；再给函数设置 u8 的数据类型，用于读取 1 个字节。具体程序如下：

```
01   u8 SPI_ReadWrite_Byte( u8 dat)
02   {
03       U1CSR &= ~0x06;            //清除收与发完成标志位
04       U1DBUF = dat;              //发送 1 个字节
05       while( !( U1CSR & 0x02) ); //等待字节发送完毕
06       return U1DBUF;            //返回读到的 1 个字节
07   }
```

4. 向液晶屏传输指令与数据的程序设计

RS 引脚为低电平，向液晶屏传输控制指令。RS 引脚为高电平，向液晶屏传输颜色数据。具体程序如下：

```
01   #define   LCD_RS_SET   P0_0 =1
02   #define   LCD_RS_CLR   P0_0 =0
03   void LCDWritecom( uint8 com)    //写一个字节的指令
04   {
05     LCD_RS_CLR;                   //RS =0, 传输指令
06     LCD_CS_CLR;
07     SPI_ReadWrite_Byte( com );    //三总线传输一个字节
08     LCD_CS_SET;
09   }
10   void LCDWritedata( uint8 data)   //写一个字节的数据
11   {
12     LCD_RS_SET;                    //RS =1, 传输数据
13     LCD_CS_CLR;
14     SPI_ReadWrite_Byte( data );    //三总线传输一个字节
15     LCD_CS_SET;
16   }
```

5. 液晶屏显示颜色原理

液晶屏 12864 具有 128 × 64 个点，每点只能显示白色（0）或黑色（1），地址如表 1.12.9 所示（格式为：行地址，列地址）。每行有 128 列，即 128 个点，共有 8 行。每行由 8 小行组成，8 行共 64 小行，即 64 个点。

表 1.12.9　液晶屏各点地址

	第 1 列	第 2 列	第 3 列	……	第 128 列
第 1 行	(0xb0, 0)	(0xb0, 1)	(0xb0, 2)	……	(0xb0, 127)
第 2 行	(0xb1, 0)	(0xb1, 1)	(0xb1, 2)	……	(0xb1, 127)
第 3 行	(0xb2, 0)	(0xb2, 1)	(0xb2, 2)	……	(0xb2, 127)
第 4 行	(0xb3, 0)	(0xb3, 1)	(0xb3, 2)	……	(0xb3, 127)
第 5 行	(0xb4, 0)	(0xb4, 1)	(0xb4, 2)	……	(0xb4, 127)
第 6 行	(0xb5, 0)	(0xb5, 1)	(0xb5, 2)	……	(0xb5, 127)
第 7 行	(0xb6, 0)	(0xb6, 1)	(0xb6, 2)	……	(0xb6, 127)
第 8 行	(0xb7, 0)	(0xb7, 1)	(0xb7, 2)	……	(0xb7, 127)

例如，向坐标（0xb0，0）至（0xb0，7）分别写颜色数据 0x00，0x00，0x7F，0x48，0x48，0x30，0x00，0x00。液晶屏显示如表 1.12.10 所示。可见，"0x00，0x00，0x7F，0x48，0x48，0x30，0x00，0x00"是小写字母 b 在字号 8×8 的点阵数据。**颜色按"低位在上，高位在下"的顺序排列字符。**

表 1.12.10　液晶屏各点显示颜色

	第1列	第2列	第3列	第4列	第5列	第6列	第7列	第8列	……
	0	0	1	0	0	0	0	0	
	0	0	1	0	0	0	0	0	
	0	0	1	0	0	0	0	0	
第1行	0	0	1	1	1	0	0	0	
	0	0	1	0	0	1	0	0	
	0	0	1	0	0	1	0	0	
	0	0	1	1	1	0	0	0	
	0	0	0	0	0	0	0	0	
……									

16 号字符按 8×16 排成点阵，共 16 字节。Font. h 文件定义了字符点阵数组常量 ASCII_1608。"0x00，0x00，0xFC，0x07，0x20，0x04，0x20，0x04，0x20，0x04，0xC0，0x03，0x00，0x00，0x00，0x00"是小写字母 b 在字号 8×16 的点阵数据。这 16 字节按表 1.12.11 排列。

表 1.12.11　16 号字符

	第1列	第2列	第3列	第4列	第5列	第6列	第7列	第8列	……
第1行	Byte0	Byte2	Byte4	Byte6	Byte8	Byte10	Byte12	Byte14	
第2行	Byte1	Byte3	Byte5	Byte7	Byte9	Byte11	Byte13	Byte15	
……									

6. 液晶屏显示的程序设计

液晶屏的显示由其控制器实现。不同控制器之间，程序不能通用。这里不详细讲解控制器底层驱动程序，而专讲应用层函数的用法。

（1）数据类型

typedef signed long　　s32;　　//32 位有符号整数

typedef unsigned long　u32;　　//32 位无符号整数

（2）初始化 LCD 引脚与液晶屏控制器 IC 的寄存器

形参：无。

返回值：无。

void LCD_Init(void);

（3）清屏颜色

形参：dat 是颜色值。

返回值：无。

void LCD_Clear(u8 dat);

（4）显示一个字符

形参：x 是水平坐标，取值范围为 0 ～ 127；

　　　pline 是行序号，取值范围为常量 LCD_LINE1 ～ LCD_LINE4；

　　　pchar 是 ASCII 码，取值范围为"空格"至"～"；

　　　showmode 是显示模式，取值范围为"0"（白底黑字）与"1"（黑底白字，又叫反白）。

返回值：无。

void LCD_PutChar(u8 x, u8 pline, u8 pchar, u8 showmode)；

（5）显示字符串

形参：x 是水平坐标，取值范围为 0 ～ 127；

　　　pline 是行序号，取值范围为常量 LCD_LINE1 ～ LCD_LINE8；

　　　*p 是字符串，取值范围为字符串常量与字符串数组（字节串是以 0x00 结尾的）；

　　　showmode 是显示模式，取值范围为"0"（白底黑字）与"1"（黑底白字）。

返回值：无。

void LCD_PutString(u8 x, u8 pline, u8 *p, u8 showmode)；

（6）显示长度 len 的 N 进制的无符号整数

形参：x 是水平坐标，取值范围为 0 ～ 127；

　　　pline 是行序号，取值范围为常量 LCD_LINE1 ～ LCD_LINE4；

　　　number 是 32 位二进制的无符号整数，取值范围为 0 ～ 4294967295；

　　　N 是 N 进制，常见有 2、8、10 与 16 四种；

　　　len 是显示 len 位整数；

　　　showmode 是显示模式，取值范围为"0"（白底黑字）与"1"（黑底白字）。

返回值：无。

void LCD_PutNumber(u8 x, u8 pline, u32 number, u8 N, u8 len, u8 showmode)；

（7）显示长度 len 的十进制的有符号整数

形参：x 是水平坐标，取值范围为 0 ～ 127；

　　　pline 是行序号，取值范围为常量 LCD_LINE1 ～ LCD_LINE4；

　　　number 是 32 位二进制的有符号整数，取值范围为 − 2147483648 ～ +2141483647；

　　　len 是显示 len 位整数；

　　　showmode 是显示模式，取值范围为"0"（白底黑字）与"1"（黑底白字）。

返回值：无。

void LCD_PutS10Number(u8 x, u8 pline, s32 number, u8 len, u8 showmode)；

（8）显示"nn 位整数与 n 位小数"的浮点数

形参：x 是水平坐标，取值范围为 0 ～ 127；

　　　pline 是行序号，取值范围为常量 LCD_LINE1 ～ LCD_LINE4；

　　　number 是浮点数；

　　　nn 是显示 nn 位整数；

　　　n 是显示 n 位小数；

　　　showmode 是显示模式，取值范围为"0"（白底黑字）与"1"（黑底白字）。

返回值：无。

void LCD_Putfloat(u8 x, u8 pline, float number, u8 nn, u8 n, u8 showmode)；

7. 全屏擦除的程序设计

LCD_Clear(0x00)；　　　　　//清屏为白底

LCD_Clear(0xFF)；　　　　　//清屏为黑底

LCD_Clear(0xF0)；　　　　　//清屏为一行黑一行白的斑马色

8. 显示字符串的程序设计

在第 1 行第 0 列正白显示字符串"LCD is showing!"的程序如下：

LCD_PutString(0, LCD_LINE1, "LCD is showing!", 0)；

9. 显示整数的程序设计

在第 2 行第 20 列反白显示 5 位十进制的整数 2016 的程序如下：

LCD_PutNumber（20, LCD_LINE2, 2016, 10, 5, 1）；

10. 显示整数的程序设计

在第 4 行第 60 列正白显示 3 位整数与 2 位小数的浮点数 345.6 的程序如下：

LCD_Putfloat（60, LCD_LINE4, 345.6, 3, 2, 0）；

11. 液晶屏的程序设计

液晶屏的程序流程图（图 1.12.4）及具体程序如下：

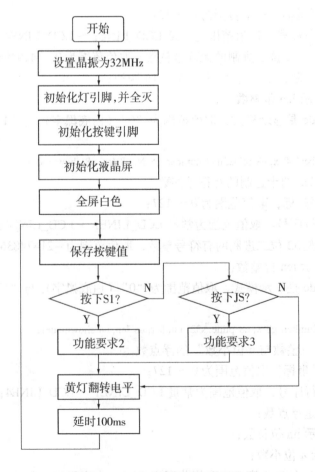

图 1.12.4　液晶屏的程序流程图

```
01   #include "led. h"
02   #include "key. h"
03   #include "LCD_SPI. h"
04   void main( void)
05   {
06      u8   t;
07      u16 tt = 5000;
08      s16 a1 = − 520;
09      float b1 = 123. 456;
10      clockSetMainSrc( 'X' , 32, 32);     //外部 32K, CPU 频率为 32MHz, 定时器频率为 32MHz
11      LED_Init();                          //初始化 LED 引脚
12      LED1G = 1;                           //LED1 绿灯灭
13      LED2R = 1;                           //LED2 红灯灭
14      LED3Y = 0;                           //LED3 黄灯灭
15      KEY_Init();                          //初始化 KEY 引脚
16      LCD_Init();                          //初始化液晶屏
17      LCD_Clear(0x00);                     //清屏为白底
18      while(1)
19      {
20        t = KEY_scan();                    //读取按键值
21        switch(t)
22        {
23        case 1:                            //按下 S1 键
24          LCD_Clear(0x00);
25          LCD_PutString(0, LCD_LINE1, "LCD is showing! ", 0);
26          LCD_PutNumber(20, LCD_LINE2, tt, 10, 5, 1);
27          LCD_PutS10Number(40, LCD_LINE3, a1, 5, 1);
28          LCD_Putfloat(60, LCD_LINE4, b1, 3, 2, 0);
29          break;
30        case 2:                            //按下 JoyStick 任意一个
31          LCD_Clear(0x00);
32          LCD_PutString(10, LCD_LINE1, "LCD is showing! ", 1);
33          LCD_PutNumber(15, LCD_LINE2, tt, 16, 4, 0);
34          LCD_PutS10Number(20, LCD_LINE3, a1, 4, 0);
35          LCD_Putfloat(30, LCD_LINE4, b1, 4, 4, 1);
36          break;
37        }
38        LED3Y = ! LED3Y;                   //黄灯翻转
39        halMcuWaitMs( 100);                //延时 100ms
40      }
41   }
```

将程序烧录到 Zigbee 板。按下 S1 键，显示功能要求 2，如图 1. 12. 5a 所示；按下 Joy-Stick 任意一个，显示功能要求 3，如图 1. 12. 5b 所示。

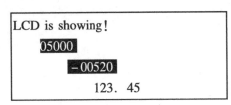

（a）LCD 显示功能要求 2 　　　　　（b）LCD 显示功能要求 3

图 1.12.5　LCD 显示屏

完整程序请参看电子资源之源代码"任务 1.12"。

总结：

（1）三总线通信需要考虑三点：SPI 工作模式、SCK 时钟频率、先发 MSB 还是 LSB。

（2）LCD 的反白显示常用于选择文字。例如，LCD 显示多个数字，现用按键修改其中一个数字，可用反白显示该数字，其他数字用正白显示。

任务 1.13　带倒计时的交通灯

一、学习目标

学习将任务 1.11 交通灯程序与任务 1.12 液晶屏程序整合成一个程序，并将任务 1.10 中大延时"化整为零"的编程思想应用于倒计时。

二、功能要求

本任务的功能要求是，在基于任务 1.11 上，增加红、黄、绿灯倒计时功能。

三、软件设计

1. 大延时"化整为零"的程序设计

因为每秒刷新一次液晶屏的时间显示，所以需要将红、黄、绿灯时间按每份 1s 来拆解。为了方便修改时间，在液晶屏的第 4 行显示交通灯时间。

因为交通灯时间不超过 60s，所以用前一个任务的 LCD_PutNumber 函数以 2 位十进制形式显示交通灯时间。

流程图（图 1.13.1）及具体程序如下：

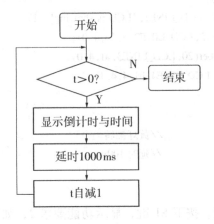

图 1.13.1　"化整为零"的程序流程图

```
01  u8   tt = 5;
02  void LCD_DELAY(u16   t)
03  {
04    while(t > 0)
05    {
06      LCD_PutNumber(60, LCD_LINE1, t, 10, 2, 0);
07      LCD_PutNumber(60, LCD_LINE4, tt, 10, 2, 0);
08      halMcuWaitMs(1000);
09      t --;
10    }
11  }
```

2. 带倒计时的交通灯的程序设计

带倒计时的交通灯的程序流程图如图1.13.2所示。

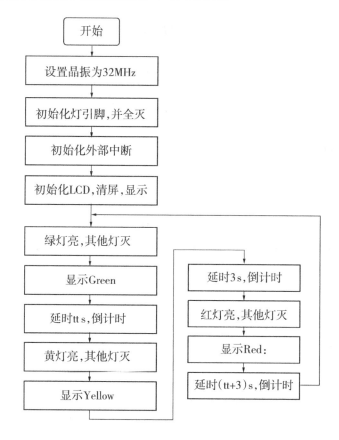

图1.13.2　带倒计时的交通灯的程序流程图

带倒计时的交通灯的程序如下：

```
01  #include "led. h"
02  #include "key. h"
03  #include "exit. h"
04  #include "LCD_SPI. h"
05  u8   tt = 5;
```

```
06    void LCD_DELAY(u16   t)
07    {
08      while(t > 0)
09      {
10        LCD_PutNumber(60, LCD_LINE1, t, 10, 2, 0);
11        LCD_PutNumber(60, LCD_LINE4, tt, 10, 2, 0);
12        halMcuWaitMs(1000);
13        t --;
14      }
15    }
16    void main(void)
17    {
18      clockSetMainSrc('X', 32, 32);        //外部 32K, CPU 频率为 32MHz, 定时器频率为 32MHz
19      LED_Init();                          //初始化 LED 引脚
20      LED1G = 1;                           //LED1 绿灯灭
21      LED2R = 1;                           //LED2 红灯灭
22      LED3Y = 0;                           //LED3 黄灯灭
23      KEY_ISR_init();                      //初始化外部中断
24      LCD_Init();                          //初始化液晶屏
25      LCD_Clear(0x00);                     //清屏为白底
26      LCD_PutString(0, LCD_LINE4, "Time  : ", 0);
27      while(1)
28      {
29        LED2R = 1;                         //LED2 红灯灭
30        LED1G = 0;                         //LED1 绿灯亮
31        LCD_PutString(0, LCD_LINE1, "Green : ", 0);
32        LCD_DELAY(tt);                     //延时 tt s
33        LED1G = 1;                         //LED1 绿灯灭
34        LED3Y = 1;                         //LED3 黄灯亮
35        LCD_PutString(0, LCD_LINE1, "Yellow: ", 0);
36        LCD_DELAY(3);                      //延时 3s
37        LED3Y = 0;                         //LED3 黄灯灭
38        LED2R = 0;                         //LED2 红灯亮
39        LCD_PutString(0, LCD_LINE1, "RED   : ", 0);
40        LCD_DELAY(tt + 3);                 //延时(tt + 3)s
41      }
42    }
43    #pragma vector = P0INT_VECTOR //格式: #pragma vector = 中断向量
44    __interrupt void P0_ISR(void)          //P0 中断处理函数
45    {
46      if(tt > 1) tt -= 1;                  //大于 1s 可减 1s
47      P0IFG = 0;                           //清除 P0 端口中断标志位
48      P0IF = 0;                            //清除 P0 端口中断标志
```

```
49   }
50   #pragma vector = P2INT_VECTOR //格式: #pragma vector = 中断向量
51   __interrupt void P2_ISR( void)        //P2 中断处理函数
52   {
53      if( tt < 60) tt += 1;              //小于 60s 可加 1s
54      P2IFG = 0;                         //清除 P2 端口中断标志位
55      P2IF = 0;                          //清除 P2 端口中断标志
56   }
```

将程序烧录到 Zigbee 板。按下 S1 键，交通灯时间 tt 减小 1s；按下 JoyStick 任意一个，时间增加 1s；绿灯亮 tt s，黄灯亮 3s，红灯亮（tt + 3）s，重复上述过程。

此程序运行起来的现象是当绿灯亮时，液晶屏显示"Green：05"；当黄灯亮时，液晶屏显示"Yellow：03"；当红灯亮时，液晶屏显示"RED　：08"。液晶屏的第 4 行显示"Time　：05"，这是绿灯时间。按下按键可修改绿灯时间，也显示在液晶屏的第 4 行。如图 1.13.3 所示。

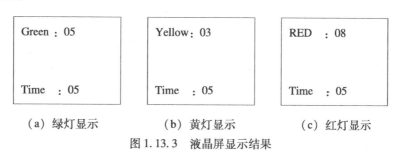

（a）绿灯显示　　　　（b）黄灯显示　　　　（c）红灯显示

图 1.13.3　液晶屏显示结果

完整程序请参看电子资源之源代码"任务 1.13"。

任务 1.14　FLASH

一、学习目标

（1）学习 CC2530 的 FLASH 擦除、读取与写入数据的用法。

（2）学习将双字节整数拆解成两个单字节整数的方法。

（3）学习将两个单字节整数合并成一个双字节整数的方法。

二、功能要求

本任务的功能要求是：

（1）按下 S1 键，将字符"Zigbee"、整数"2007"与" - 12"保存到 FLASH 中。

（2）按下 S2 ~ S6 键任意一个，将字符"CC2530"、整数"2017"与" - 8"保存到 FLASH 中。

（3）按复位键，查看 FLASH 中保存的内容。

三、软件设计

1. FLASH 介绍

FLASH 是 CC2530 的程序存储器，属于芯片内部功能。因为编写的程序代码不会全部占用程序存储器，所以可以用程序存储器结尾空闲的区域来保存用户的数据。

Zigbee 芯片用的是 CC2530F256，其程序存储器的大小为 256k 字节。**为了方便管理，程序存储器被划分为 8 个 bank，同时要求工程项目的编译选项的"Code model"选择 Banked**，详情请查看电子资源之课件"任务 1.3 新建与编译工程项目"。每个 bank 有 16 个 page，每个 page 分得 2048 个字节。按每单元 4 字节计算，每个 page 有 512 个单元。

程序存储器操作需要注意以下几点：

（1）FLASH 的写入操作要求写入地址的内容必须为 0xFF，哪怕有一个地址内容不是 0xFF，全部写入操作无效。解决方法是先擦除整页字节。

（2）可用擦除操作将地址的内容变成 0xFF，最小擦除单位是页（page）。

（3）最小写入单元是连续 4 字节，不足 4 字节以 0xFF 补充。

（4）FLASH 读取按字节操作，非常灵活。

> **提问**：page 中原有非 0xFF 的字节数据很重要。又要向此 page 写入新数据，应该怎么办？

（5）第 127 个 page（即最后一个）保存 IEEE 地址，此地址全球唯一。建议不要擦除此 page。

2. FLASH 操作的程序设计

FLASH 的读写操作涉及 FLASH 控制器与 DMA 控制器，非常复杂。在 Z - stack 协议栈中，移植出 FLASH 读写函数，专讲应用层函数的用法。

（1）初始化 FLASH

形参：无。

返回值：无。

void HalFlash_init(void);

（2）读取字节数据

形参：pg 是 page 序号（0 ～ 126）；

offset 是 page 内地址（0 ～ 2047）；

buf 是将读到的数据保存的地址，通常为数组名称；

cnt 是读取的字节数量。

返回值：无。

void HalFlashRead(uint8 pg, uint16 offset, uint8 ∗ buf, uint16 cnt);

（3）写入一整页（page）的字节数据

形参：pg 是 page 序号（0 ～ 126）；

offset 是 page 内地址（0 ～ 2047）；

buf 是写入字节的首地址，通常为数组名称；

cnt 是写入的字节数量。

返回值：无。

void HalFlashWritedata(uint8 pg, uint16 offset, uint8 * buf, uint16 len);

（4）擦除一整页（page）的字节

形参：pg 是 page 序号（0 ～ 126）。

返回值：无。

void HalFlashErase(uint8 pg);

（5）将两个 8 位二进制位的整数合并成一个 16 位二进制位的整数

形参：loByte 是合并后低 8 位二进制位的字节；

hiByte 是合并后高 8 位二进制位的字节。

返回值：合并后的 16 位二进制位的整数。

#define BUILD_UINT16(loByte, hiByte) \

((uint16)((((loByte) & 0x00FF) + (((hiByte) & 0x00FF) << 8)))

（6）将 16 位二进制位的整数的高 8 位二进制位整数分解出来

形参：a 是 16 位二进制位的整数。

返回值：a 的最高 8 位二进制位的整数。

#define HI_UINT16(a) (((uint16)(a) >> 8) & 0xFF)

（7）将 16 位二进制位的整数的低 8 位二进制位整数分解出来

形参：a 是 16 位二进制位的整数。

返回值：a 的最低 8 位二进制位的整数。

#define LO_UINT16(a) ((uint16)(a) & 0xFF)

3．擦除序号为 126 页的程序设计

HalFlashErase(126);

4．从序号为 126 页的地址 0 开始读 10 字节数据的程序设计

u8   v_buf[10];

HalFlashRead(126, 0, v_buf, 10);   //读取序号为 126 的 page 的前 10 个字节

5．向序号为 126 页的地址 0 写入 10 字节数据的程序设计

u8   v_buf[10];

v_buf[0] = 'Z';

v_buf[1] = 'i';

v_buf[2] = 'g';

v_buf[3] = 'b';

v_buf[4] = 'e';

v_buf[5] = 'e';

v_buf[6] = HI_UINT16(2007);   //将 2007 的高位字节 0x07 赋值给序号 6 数组元素

v_buf[7] = LO_UINT16(2007);   //将 2007 的低位字节 0xD7 赋值给序号 7 数组元素

v_buf[8] = (u8) – 12;

v_buf[9] = 0;

HalFlashErase(126);   //擦除序号为 126 的 page

HalFlashWritedata(126, 0, v_buf, 10); //往序号为 126 的 page 写 10 个字节

6．FLASH 的程序设计

FLASH 的程序流程图（图 1.14.1）及具体程序如下：

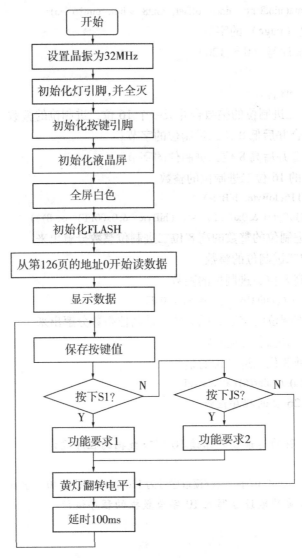

图 1.14.1　FLASH 的程序流程图

```
01   #include "led. h"
02   #include "key. h"
03   #include "LCD_SPI. h"
04   #include "hal_flash. h"
05   void main( void)
06   {
07     u8    t = 0;
08     u16 tt = 0;
09     s8    ttt = 0;
10     u8    v_buf[ 10];
11     clockSetMainSrc( 'X' , 32, 32);        //外部 32K, CPU 频率为 32MHz, 定时器频率为 32MHz
12     LED_Init( );                           //初始化 LED 引脚
13     LED1 G = 1;                            //LED1 绿灯灭
```

```
14        LED2R = 1;                        //LED2 红灯灭
15        LED3Y = 0;                        //LED3 黄灯灭
16        KEY_Init();                       //初始化 KEY 引脚
17        LCD_Init();                       //初始化液晶屏
18        LCD_Clear(0x00);                  //清屏为白底
19        HalFlash_init();                  //初始化 FLASH
20        HalFlashRead(126,0, v_buf,10);    //读取序号为 126 的 page 的前 10 个字节
21        tt = BUILD_UINT16( v_buf[7], v_buf[6]);   //将序号 6 与 7 数组元素合并成一个双字节数字
22        ttt = v_buf[8];                   //保存单字节数字
23        v_buf[6] = 0;                     //建立字符串数组的结束符
24        LCD_PutString(0, LCD_LINE1, v_buf, 0);    //显示字符串
25        LCD_PutNumber(0, LCD_LINE2, tt, 10, 5, 0);   //显示合并数字
26        LCD_PutS10Number(0, LCD_LINE3,  ttt, 3, 0);  //显示单字节数字
27        while(1)
28        {
29          t = KEY_scan();                 //读取按键值
30          switch(t)
31          {
32          case 1:                         //按下 S1 键
33            v_buf[0]  = 'Z';
34            v_buf[1]  = 'i';
35            v_buf[2]  = 'g';
36            v_buf[3]  = 'b';
37            v_buf[4]  = 'e';
38            v_buf[5]  = 'e';
39            v_buf[6]  = HI_UINT16(2007);  //将 2007 的高位字节 0x07 赋值给序号 6 数组元素
40            v_buf[7]  = LO_UINT16(2007);  //将 2007 的低位字节 0xD7 赋值给序号 7 数组元素
41            v_buf[8]  = (u8) - 12;
42            v_buf[9]  = 0;
43            HalFlashErase(126);           //擦除序号为 126 的 page
44            HalFlashWritedata(126, 0, v_buf, 10);   //往序号为 126 的 page 写 10 个字节
45            LCD_Clear(0x00);
46            LCD_PutString(0, LCD_LINE1, "Zigbee", 0);
47            LCD_PutNumber(0, LCD_LINE2, 2007, 10, 5, 0);
48            LCD_PutS10Number(0, LCD_LINE3,    - 12, 3, 0);
49            LCD_PutString(0, LCD_LINE4, "OK!", 0);
50            break;
51          case 2:                         //按下 JoyStick 任意一个
52            v_buf[0]  = 'C';
53            v_buf[1]  = 'C';
54            v_buf[2]  = '2';
55            v_buf[3]  = '5';
56            v_buf[4]  = '3';
57            v_buf[5]  = '0';
```

```
58        v_buf[6]  = HI_UINT16(2017);//将 2017 的高位字节 0x07 赋值给序号 6 数组元素
59        v_buf[7]  = LO_UINT16(2017);//将 2017 的低位字节 0xE1 赋值给序号 7 数组元素
60        v_buf[8]  = (u8) −8;
61        v_buf[9]  = 0;
62        HalFlashErase(126);                    //擦除序号为 126 的 page
63        HalFlashWritedata(126, 0, v_buf, 10);//往序号为 126 的 page 写 10 个字节
64        LCD_Clear(0x00);
65        LCD_PutString(0, LCD_LINE1, "CC2530", 0);
66        LCD_PutNumber(0, LCD_LINE2, 2017, 10, 5, 0);
67        LCD_PutS10Number(0, LCD_LINE3,   −8, 3, 0);
68        LCD_PutString(0, LCD_LINE4, "OK!", 0);
69        break;
70      }
71      LED3Y = ! LED3Y;                          //黄灯翻转
72      halMcuWaitMs(100);                        //延时 100ms
73    }
74  }
```

将程序烧录到 Zigbee 板。按下 S1 键，LCD 显示字符串与整数，并保存到 FLASH 中；按下复位键，LCD 显示刚保存的字符串与整数。按下 JoyStick 任意一个，LCD 显示另外的字符串与整数，并保存到 FLASH 中；按下复位键，LCD 显示刚保存的字符串与整数。哪怕断电，再重新上电，LCD 均能显示刚保存的字符串与整数。这表示字符串与整数已被保存到 FLASH 中。

程序运行结果如 1.14.2 所示。

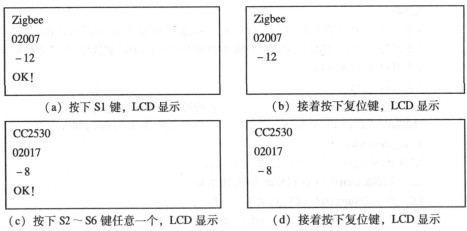

(a) 按下 S1 键，LCD 显示   (b) 接着按下复位键，LCD 显示

(c) 按下 S2 ~ S6 键任意一个，LCD 显示   (d) 接着按下复位键，LCD 显示

图 1.14.2   FLASH 程序运行结果

从上图的运行结果可知，能够将字符串、整数正确保存到 FLASH，也能够正确地从 FLASH 中读取出来。

完整程序请参看电子资源之源代码"任务 1.14"。

任务 1.15　带保存时间的交通灯

一、学习目标

学习利用 FLASH 读取与保存交通灯时间的方法。

二、功能要求

本任务的功能要求是，在基于任务 1.13 上，增加保存红、绿灯时间功能。

三、软件设计

1. 保存时间的程序设计

在任务 1.13 中，变量 tt 用于保存红、绿灯时间。为了防止重复对 FLASH 写入操作，这里定义另一个变量 ttf。如果这两个变量不相等，则将最新的时间写入 FLASH，并将 tt 赋值给 ttf。

因为交通灯时间不超过 60s，所以用前一个任务保存单字节整数的方法来保存交通灯时间。

为了加快将交通灯时间保存到 FLASH 的速率，将保存时间的程序加入到倒计时后面。

流程图（图 1.15.1）及具体程序如下：

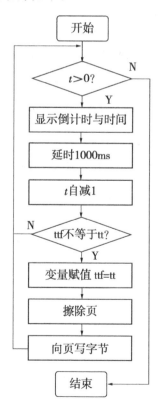

图 1.15.1　保存时间的程序流程图

```
01   u8   tt = 5;                          //最新交通灯时间
02   u8   ttf = 0;                         //FLASH 中保存的交通灯时间
```

```
03    u8   v_buf[2] = {0, 0};
04    void LCD_DELAY(u16 t)
05    {
06      while(t > 0)
07      {
08        LCD_PutNumber(60, LCD_LINE1, t, 10, 2, 0);          //显示倒计时
09        LCD_PutNumber(60, LCD_LINE4, tt, 10, 2, 0);         //显示绿灯时间
10        halMcuWaitMs(1000);
11        t --;
12        if(ttf ! = tt)        //如果两个变量不相等, 变量 tt 可能在中断服务函数中被修改
13        {
14          v_buf[0] = ttf = tt;                              //赋值后, 三个变量相等
15          v_buf[1] = 0xAA;                                  //校验字节
16          HalFlashErase(126);                               //擦除序号为 126 的 page
17          HalFlashWritedata(126, 0, v_buf, 2);              //往序号为 126 的 page 写 2 个字节
18        }
19      }
20    }
```

2. 读取时间的程序设计

从 FLASH 读取的整数就是交通灯的时间吗? 重新烧录程序后, 保存时间的地址的内容被擦成 0xFF。这不是真正的交通灯时间。为了解决这个问题, 增加一个校验字节 0xAA, 用于判断读到的整数是否有效。具体程序如下:

```
01    HalFlashRead(126, 0, v_buf, 2);  //读取序号为 126 的 page 的前 2 个字节
02    if(v_buf[1] == 0xAA)         //如果等于校验字节
03    {
04      ttf = tt = v_buf[0];       //将 FLASH 整数赋值给 tt
05    }
```

3. 带保存时间的交通灯的程序设计

带保存时间的交通灯的程序流程图如图 1.15.2 所示。

带保存时间的交通灯的程序如下:

```
01    #include "led. h"
02    #include "key. h"
03    #include "exit. h"
04    #include "LCD_SPI. h"
05    #include "hal_flash. h"
06    u8 tt = 5;
07    u8 ttf = 0;
08    u8   v_buf[2] = {0, 0};
09    void LCD_DELAY(u16 t)
10    {
11      while(t > 0)
12      {
13        LCD_PutNumber(60, LCD_LINE1, t, 10, 2, 0);
14        LCD_PutNumber(60, LCD_LINE4, tt, 10, 2, 0);
15        halMcuWaitMs(1000);
16        t --;
```

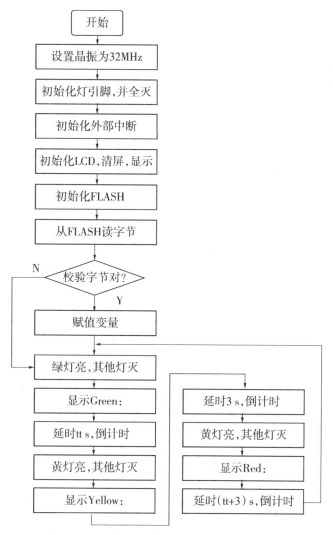

图1.15.2 带保存时间的交通灯的程序流程图

```
17      if( ttf! = tt)
18      {
19          v_buf[0] = ttf = tt;
20          v_buf[1] − 0xAA;
21          HalFlashErase(126);              //擦除序号为126的page
22          HalFlashWritedata(126, 0, v_buf, 2);  //往序号为126的page写2个字节
23      }
24    }
25 }
26 void main( void)
27 {
28    clockSetMainSrc('X', 32, 32);        //外部32K, CPU频率为32MHz, 定时器频率为32MHz
29    LED_Init();                          //初始化LED引脚
30    LED1G = 1;                           //LED1 绿灯灭
31    LED2R = 1;                           //LED2 红灯灭
```

```
32      LED3Y = 0;                              //LED3 黄灯灭
33      KEY_ISR_init();                         //初始化外部中断
34      LCD_Init();                             //初始化液晶屏
35      LCD_Clear(0x00);                        //清屏为白底
36      LCD_PutString(0, LCD_LINE4, "Time  :", 0);
37      HalFlash_init();                        //初始化 FLASH
38      HalFlashRead(126, 0, v_buf, 2);         //读取序号为 126 的 page 的前 2 个字节
39      if(v_buf[1] ==0xAA)
40      {
41          ttf = tt = v_buf[0];
42      }
43      while(1)
44      {
45          LED2R = 1;                          //LED2 红灯灭
46          LED1G = 0;                          //LED1 绿灯亮
47          LCD_PutString(0, LCD_LINE1, "Green : ", 0);
48          LCD_DELAY(tt);                      //延时 tt s
49          LED1G = 1;                          //LED1 绿灯灭
50          LED3Y = 1;                          //LED3 黄灯亮
51          LCD_PutString(0, LCD_LINE1, "Yellow: ", 0);
52          LCD_DELAY(3);                       //延时 3s
53          LED3Y = 0;                          //LED3 黄灯灭
54          LED2R = 0;                          //LED2 红灯亮
55          LCD_PutString(0, LCD_LINE1, "RED   : ", 0);
56          LCD_DELAY(tt + 3);                  //延时 (tt + 3) s
57      }
58  }
59  #pragma vector = P0INT_VECTOR //格式:#pragma vector = 中断向量
60  __interrupt void P0_ISR(void) //P0 中断处理函数
61  {
62      if(tt > 1) tt -= 1;                     //大于 1s 可减 1s
63      P0IFG = 0;                              //清除 P0 端口中断标志位
64      P0IF = 0;                               //清除 P0 端口中断标志
65  }
66  #pragma vector = P2INT_VECTOR //格式:#pragma vector = 中断向量
67  __interrupt void P2_ISR(void) //P2 中断处理函数
68  {
69      if(tt < 60) tt += 1;                    //小于 60s 可加 1s
70      P2IFG = 0;                              //清除 P2 端口中断标志位
71      P2IF = 0;                               //清除 P2 端口中断标志
72  }
```

将程序烧录到 Zigbee 板。按下 S1 键,交通灯时间 tt 减小 1s;按下 JoyStick 任意一个,时间增加 1s;绿灯亮 tt s,黄灯亮 3s,红灯亮 (tt + 3) s,重复上述过程。修改的交通灯时间 tt 会保存到 FLASH。复位后,按刚保存的交通灯时间运行。

经过 15 个任务,已完成了一个功能相对完善的交通灯控制系统。现准备四块 Zigbee 板,分别用于东、西、南、北这四个方向的红、黄、绿灯,将任务 1.15 的程序烧录进去,

同时通电运行。如果修改交通灯的时间，就需要对四个方向均进行调整。在任务 1.17 会改善这个问题。

完整程序请参看电子资源之源代码"任务 1.15"。

任务 1.16　无线通信

一、学习目标

（1）学习基于 basicRF 的无线通信，包括无线发送数据与无线接收数据的方法。

（2）学习修改信道、PANID 与短地址的方法。

二、功能要求

本任务的功能要求是：

（1）一个无线节点按下 S1 键，将字符"Zigbee"、自身无线地址与整数"12"发给另一个无线节点；

（2）按下 S2～S6 键任意一个，将字符"CC2530"、自身无线地址与整数"8"发给另一个无线节点。

三、软件设计

1．无线信道

信道即频率，不同信道即不同频率。Zigbee 在 3 个频率定义了 27 个物理信道：868MHz 频段中定义了 1 个信道；915MHz 频段中定义了 10 个信道，信道间隔为 2MHz；2.4G 频段中定义了 16 个信道，信道间隔为 5MHz，如表 1.16.1 所示。为了减少 Wifi 和 Zigbee 之间的同频干扰问题，Zigbee 联盟推荐使用 11、14、15、19、20、24 和 25 这七个信道。理论上，在 868MHz 的物理层，数据传输速率为 20Kb/s；915MHz 的速率为 40Kb/s；2.4GHz 的速率为 250Kb/s。实际上，2.4GHz 的速率约 100Kb/s。

表 1.16.1　Zigbee 信道

信道编号	中心频率（MHz）	信道间隔（MHz）	频率上限（MHz）	频率下限（MHz）
k = 0	868.3	—	868.6	868.0
k = 1～10	906 + 2（k − 1）	2	928.0	902.0
k = 11～26	2405 + 5（k − 11）	5	2483.5	2400.0

在所有无线通信中，设备需要在同一个网络内才能相互收发数据。

> **问题一：如何判断是否在同一个无线网络内？**
> 拥有相同的无线信道（频率）。

> **问题二：按无线信道划分同一个无线网络，CC2530 只有 27 个网络，会不会太少？**
> 的确少，因此提出 PANID 来增加无线网络的数量。

2. PANID

PANID 是一个双字节整数，取值范围为 0x0000～0xFFFF。其中，0xFFFF 表示 CC2530 可根据自身的 IEEE 地址建立一个随机整数作为 PANID，并且每次上电可能使用一个全新的 PANID。每次上电是一个确定的 PANID 值，才能保证 CC2530 组成同一个无线网络。因此，不建议 PANID 使用 0xFFFF。

判断 CC2530 是否在同一个无线网络的第二个因素是 PANID。即相同信道与 PANID 的 CC2530 才算在同一个无线网络，才能相互无线收发数据。

3. 无线节点地址

当很多 CC2530 处于同一个无线网络中时，需要一个地址来区分各个 CC2530。这个无线地址被称为短地址，是一个双字节整数。在 Zigbee 无线网络中，允许多个 CC2530 拥有相同的无线地址。这些 CC2530 被认为是同一个设备。

例如，在某条公路上，用 10 个 CC2530 控制 10 台路灯的亮灭。如果希望这 10 台路灯一起亮一起灭，就可以将这 10 个 CC2530 设置成相同的无线地址。如果希望这 10 台路灯具有各自的亮与灭功能，就需要将这 10 个 CC2530 设置成不同的无线地址。

4. 无线加密

如果想窃听某个 CC2530 无线网络的数据，正确设置自己的 CC2530 的信道与 PANID 就行。因为信道与 PANID 取值有限，所以总能猜中对方的取值。为了防止窃听，可以对自身的无线网络进行加密。这里选择 CC2530 自带的 AES 硬件加解密功能。AES 是目前最难破解的加解密算法。AES 算法需要密钥，而 CC2530 用 16 字节的数据作为密钥。

启动无线加密的方法如下：

（1）设置编译选项"C/C ++ Complier" → "Preprocessor" → "Defined symbols"，将 "xSECURITY_CCM"改成"SECURITY_CCM"，如图 1.16.1 所示。

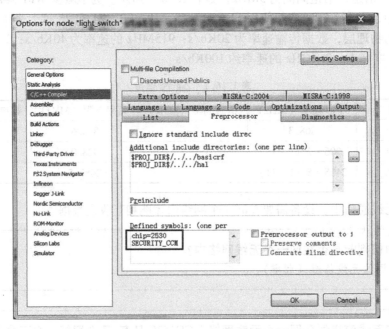

图 1.16.1　编译选项

（2）在 main.c 定义全局 unsigned char 类型的数组，长度为 16 字节，保存密钥。

```
static uint8 key[ ] = {
  0xc0, 0xc1, 0xc2, 0xc3, 0xc4, 0xc5, 0xc6, 0xc7,
  0xc8, 0xc9, 0xca, 0xcb, 0xcc, 0xcd, 0xce, 0xcf,
};
```

（3）给结构体变量 basicRfConfig 添加语句。

basicRfConfig. securityKey = key;

5. 无线通信应用层函数的用法

（1）无线参数结构体

```
typedef  struct {              //结构体格式
  uint16   myAddr;             //自身无线地址,短地址
  uint16   panId;              //PANID
  uint8    channel;            //信道
  uint8    ackRequest;         //ACK 请求
  #ifdef   SECURITY_CCM        //预编译开始符,如果启用加密功能
    uint8 *  securityKey;      //无线加解密的密钥
    uint8 *  securityNonce;    //AES 算法的 IV 初始值
  #endif                       //预编译结束符
} basicRfCfg_t;                //结构体名称
```

（2）初始化无线参数

形参：pRfConfig 是结构体指针变量 basicRfCfg_t。

返回值：整数，0 表示成功，1 表示失败。

uint8 basicRfInit(basicRfCfg_t * pRfConfig);

（3）开启无线接收

形参：无。

返回值：无。

void basicRfReceiveOn(void);

（4）关闭无线接收

形参：无。

返回值：无。

void basicRfReceiveOff(void);

（5）无线发送字节：

形参：destAddr 是目标无线短地址；

　　　pPayload 是发送字节的首地址，通常为数组名称；

　　　length 是发送字节的数量。

返回值：整数，0 表示成功，1 表示失败；

uint8 basicRfSendPacket(uint16 destAddr, uint8 * pPayload, uint8 length);

（6）判断是否收到无线字节

形参：无。

返回值：整数，0 表示未收到，1 表示已收到。

uint8 basicRfPacketIsReady(void);

（7）接收无线字节

形参：pRxData 是将已接收到的字节保存到此地址，通常为数组名称；

len 是本次计划接收的字节数量；

pRssi 是无线信号强度 RSSI。

返回值：是实际接收到的字节数量。

uint8 basicRfReceive(uint8 * pRxData, uint8 len, int16 * pRssi);

（8）读取无线信号强度 RSSI

形参：无。

返回值：无线信号强度 RSSI。

int8 basicRfGetRssi(void);

6. 无线发送数据的程序设计

向短地址 2002 的 CC2530 发送 10 个字节的数据，具体程序如下：

```
01  #define B_ADDR    2002                        //定义另一个节点的无线地址
02  #define APP_PAYLOAD_LENGTH   10               //定义数组长度
03  static  uint8  pTxData[ APP_PAYLOAD_LENGTH];  //定义发送字节的一维数组
04  pTxData[0]  = 'Z';                            //准备发送字节的内容:1)字符串
05  pTxData[1]  = 'i';
06  pTxData[2]  = 'g';
07  pTxData[3]  = 'b';
08  pTxData[4]  = 'e';
09  pTxData[5]  = 'e';
10  pTxData[6]  = HI_UINT16( A_ADDR);             // 2)自身短地址的高 8 位字节
11  pTxData[7]  = LO_UINT16( A_ADDR);             // 2)自身短地址的低 8 位字节
12  pTxData[8]  = 12;                             // 3)整数
13  pTxData[9]  = 0;
14  //向无线地址 B_ADDR 发送长度 APP_PAYLOAD_LENGTH 个字节,字节首地址为 pTxData
15  basicRfSendPacket( B_ADDR, pTxData, APP_PAYLOAD_LENGTH);
```

7. 无线接收数据的程序设计

```
01  static  uint8  pRxData[ APP_PAYLOAD_LENGTH];  //定义接收字节的一维数组
02  if( basicRfPacketIsReady( ))                  //判断是否收到无线数据
03  {   //计划读取长度为 APP_PAYLOAD_LENGTH 个字节的无线数据
04  //并保存到首地址为 pRxData 的一维数组,实际读到无线数据的字节数保存到变量 rxlen
05      rxlen = basicRfReceive( pRxData, APP_PAYLOAD_LENGTH, NULL);
06      if( rxlen > 0)                            //如果已收到字节数量大于 0
07      {                                         //处理无线数据
08        tt = BUILD_UINT16( pRxData[7], pRxData[6]); // 2)合并第 6 与 7 字节成对方的短地址
09        t = pRxData[8];                         // 3)整数
10        pRxData[6] = 0;                         // 1)将前 6 个字节转成字符串
11        LCD_PutString(0, LCD_LINE1, pRxData, 0); // 1)将字符串显示到液晶屏
12        LCD_PutNumber(0, LCD_LINE2, tt, 10, 5, 0); // 2)显示对方的短地址
13        LCD_PutNumber(0, LCD_LINE3, t, 10, 3, 0); // 3)显示整数
14      }
15  }
```

8. 无线通信的程序设计

短地址为 2001 的无线通信的程序流程图（图 1.16.2）及具体程序如下：

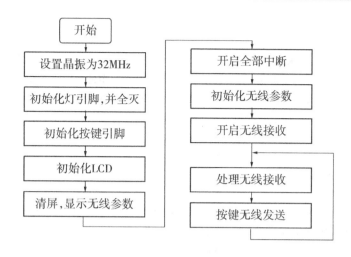

图 1.16.2 无线通信的程序流程图

```
01  #define  RF_CHANNEL          16          // 信道取值范围: 11 – 26
02  #define  PAN_ID              2016        // PANID 取值范围: 0x0000 – 0xFFFE
03  #define  A_ADDR              2001        //自身短地址取值范围: 0x0000 – 0xFFFF
04  #define  B_ADDR              2002        //另一个节点的无线短地址
05  #define  APP_PAYLOAD_LENGTH  10          //无线收发字节长度
06  static  uint8  pTxData[ APP_PAYLOAD_LENGTH ] ;  //无线发送字节的一维数组
07  static  uint8  pRxData[ APP_PAYLOAD_LENGTH ] ;  //无线接收字节的一维数组
08  static  basicRfCfg_t  basicRfConfig ;           //定义无线参数的变量
09  void main( void)
10  {
11      u8   t = 0, rxlen = 0;
12      u16  tt = 0;
13      clockSetMainSrc('X', 32, 32) ;          //外部 32K, CPU 频率为 32MHz, 定时器频率为 32MHz
14      LED_Init( ) ;                           //初始化 LED 引脚
15      LED1G = 1;                              //LED1 绿灯灭
16      LED2R = 1;                              //LED2 红灯灭
17      LED3Y = 0;                              //LED3 黄灯灭
18      KEY_Init ( ) ;                          //初始化 KEY 引脚
19      LCD_Init( ) ;                           //初始化液晶屏
20      LCD_Clear(0x00) ;                       //清屏为白底
21      LCD_PutNumber( 0, LCD_LINE4, A_ADDR, 10, 5, 0) ;        //显示自身短地址
22      LCD_PutNumber(50, LCD_LINE4, RF_CHANNEL, 10, 3, 0) ;    //显示信道
23      LCD_PutNumber(80, LCD_LINE4, PAN_ID, 10, 5, 0) ;        //显示 PANID
24      halIntOn( ) ;                           //开启全部中断
25      basicRfConfig. panId = PAN_ID;          //配置无线通信
26      basicRfConfig. channel = RF_CHANNEL;
27      basicRfConfig. ackRequest = TRUE;
28      basicRfConfig. myAddr = A_ADDR;         //无线地址
29      basicRfInit( &basicRfConfig) ;          //初始化无线参数
30      basicRfReceiveOn( ) ;                   //允许无线通信接收
```

```
31      while(1)
32      {
33      if(basicRfPacketIsReady())                              //判断是否收到无线字节
34      {   //计划读取长度为 APP_PAYLOAD_LENGTH 个字节的无线字节
35          rxlen = basicRfReceive(pRxData, APP_PAYLOAD_LENGTH, NULL);
36          if(rxlen > 0) //如果已收到字节数量大于 0
37          {
38              tt = BUILD_UINT16(pRxData[7], pRxData[6]); // 2)合并字节成对方的短地址
39              t = pRxData[8];                                  // 3)整数
40              pRxData[6] = 0;                                  // 1)将前 6 个字节转成字符串
41              LCD_PutString(0, LCD_LINE1, pRxData, 0);         // 1)将字符串显示到液晶屏
42              LCD_PutNumber(0, LCD_LINE2, tt, 10, 5, 0);       // 2)显示对方的短地址
43              LCD_PutNumber(0, LCD_LINE3, t, 10, 3, 0);        // 3)显示整数
44          }
45      }
46      t = KEY_scan();                                          //读取按键值
47      switch(t)
48      {
49      case 1:                                                  //按下 S1 键
50          pTxData[0] = 'Z';                                    // 1)字符串
51          pTxData[1] = 'i';
52          pTxData[2] = 'g';
53          pTxData[3] = 'b';
54          pTxData[4] = 'e';
55          pTxData[5] = 'e';
56          pTxData[6] = HI_UINT16(A_ADDR);                      // 2)自身短地址的高 8 位字节
57          pTxData[7] = LO_UINT16(A_ADDR);                      // 2)自身短地址的低 8 位字节
58          pTxData[8] = 12;                                     // 3)整数
59          pTxData[9] = 0;
60          basicRfSendPacket(B_ADDR, pTxData, APP_PAYLOAD_LENGTH);//无线发送数据
61          break;
62      case 2:                                                  //按下 JoyStick 任意一个
63          pTxData[0] = 'C';                                    // 1)字符串
64          pTxData[1] = 'C';
65          pTxData[2] = '2';
66          pTxData[3] = '5';
67          pTxData[4] = '3';
68          pTxData[5] = '0';
69          pTxData[6] = HI_UINT16(A_ADDR);                      // 2)自身短地址的高 8 位字节
70          pTxData[7] = LO_UINT16(A_ADDR);                      // 2)自身短地址的低 8 位字节
71          pTxData[8] = 8;                                      // 3)整数
72          pTxData[9] = 0;
73          basicRfSendPacket(B_ADDR, pTxData, APP_PAYLOAD_LENGTH);//无线发送数据
74          break;
```

```
75          }
76          LED3Y = ! LED3Y;                          //黄灯翻转
77          halMcuWaitMs(100);                        //延时 100ms
78      }
79  }
```

多人一起做本任务实验时，请使用不同的信道与 PANID 组成不同的无线局域网，防止相互干扰。

将"basicRF-2001"与"basicRF-2002"这两个程序分别烧录到两块 Zigbee 板上。

（1）刚上电，液晶屏显示如图 1.16.3 所示。

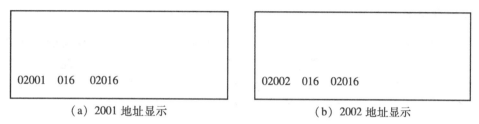

（a）2001 地址显示　　　　　　　　　　（b）2002 地址显示

图 1.16.3　刚上电

（2）按下 2001 与 2002 两块板的 S1 键，液晶屏显示如图 1.16.4 所示。

```
Zigbee                            Zigbee
02002                             02001
012                               012
02001   016   02016              02002   016   02016
```

（a）2001 地址显示　　　　　　　　　　（b）2002 地址显示

图 1.16.4　按下 S1 键

（3）按下 2001 与 2002 两块板的 JoyStick 任意一个，液晶屏显示如图 1.16.5 所示。

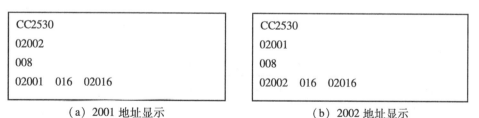

（a）2001 地址显示　　　　　　　　　　（b）2002 地址显示

图 1.16.5　按下 JoyStick

完整程序请参看电子资源之源代码"任务 1.16"。

总结：

（1）无线通信需要考虑三点：无线参数（信道、PANID 与短地址）、无线接收、无线发送。

（2）无线接收数据的程序，在 main 函数中是使用 if 语句实现的。这与任务 1.8 一样，使用查询方式，而非中断的立即响应方式。

任务 1.17   无线交通灯

一、学习目标

（1）学习基于 basicRF 无线通信程序实现交通灯的方法。

（2）学习利用无线通信将交通灯时间发送给其他无线交通灯的方法。

（3）学习利用 FLASH 读写交通灯时间的方法。

二、功能要求

本任务的功能要求是：基于任务 1.15 "带保存时间的交通灯" 实现无线交通灯；东、西方向 CC2530 按 "绿灯亮 5s，黄灯亮 3s，红灯亮 8s" 的时序工作；南、北方向 CC2530 按 "红灯亮 8s，绿灯亮 5s，黄灯亮 3s" 的时序工作；其中一个 CC2530 修改了交通灯时间，利用无线通信让其他三个一起修改，并将时间保存到 FLASH 中。

三、电路工作原理

因东与西方向绿灯亮时，南与北方向红灯亮，故只需调整一下红、黄、绿灯的顺序就行。

四、软件设计

因为无线接收程序像按键一样使用查询方式，所以本任务可参考任务 1.10 的 "化整为零" 的编程思想，将无线接收程序加入到倒计时程序（LCD_DELAY）函数中。

本程序的工作过程为利用外部中断修改交通灯时间变量 tt，在交通灯倒计时延时时间 LCD_DELAY 中完成三个任务：保存新时间、将新时间无线发送给其他三个方向的交通灯、无线接收从其他三个方向交通灯发来的新时间。

无线接收与无线发送按表 1.17.1 无线通信协议完成。此协议中只有一个字节，即交通灯时间。

表 1.17.1   无线通信协议

无线发送数据（十六进制）	无线回复数据（十六进制）	功能
XX	无	发射交通灯时间

下面以东方向的交通灯的程序为例，其具体程序如下：

```
01   #define RF_CHANNEL          17      //无线信道
02   #define PAN_ID              2017    //PANID
03   #define E_ADDR              2001    //无线短地址
04   #define S_ADDR              2002
05   #define W_ADDR              2003
06   #define N_ADDR              2004
07   #define APP_PAYLOAD_LENGTH   1
08   static uint8 pTxData[ APP_PAYLOAD_LENGTH];
```

```
09    static uint8 pRxData[ APP_PAYLOAD_LENGTH];
10    static basicRfCfg_t basicRfConfig;
11    u8 rxlen = 0;
12    u8 tt = 5;
13    u8 ttf = 0;
14    u8   v_buf[2] = {0,0};
15    void LCD_DELAY( u16 t)
16    {
17        while( t > 0)
18        {
19            // =========== 交通灯倒计时显示 开始 ===========
20            LCD_PutNumber(60, LCD_LINE1, t, 10, 2, 0); //更新 LCD 的倒计时
21            LCD_PutNumber(60, LCD_LINE3, tt, 10, 2, 0);
22            halMcuWaitMs(1000);
23            t -- ;
24            // =========== 交通灯倒计时显示 结束 ===========
25            // =========== 处理无线接收 开始 ===========
26            if( basicRfPacketIsReady())//处理无线数据
27            {
28                rxlen = basicRfReceive( pRxData, APP_PAYLOAD_LENGTH, NULL);
29                if( rxlen > 0)//rxlen 无线接收数据长度
30                { //根据表 1.17.1 无线通信协议,保存交通灯时间
31                    tt = pRxData[0];
32                }
33            }
34            // =========== 处理无线接收 结束 ===========
35            // =========== FLASH 保存交通灯时间 开始 ===========
36            if( ttf! = tt) //保存新时间,并向其他三个方向无线发送新时间
37            {
38                v_buf[0] = pTxData[0] = ttf = tt;
39                v_buf[1] = 0xAA;
40                HalFlashErase(126);                  //擦除序号为 126 的 page
41                HalFlashWritedata(126, 0, v_buf, 2); //往序号为 126 的 page 写 2 个字节
42                basicRfSendPacket( S_ADDR, pTxData, APP_PAYLOAD_LENGTH);
43                basicRfSendPacket( W_ADDR, pTxData, APP_PAYLOAD_LENGTH);
44                basicRfSendPacket( N_ADDR, pTxData, APP_PAYLOAD_LENGTH);
45            }
46            // =========== FLASH 保存交通灯时间 结束 ===========
47        }
48    }
49    void main( void)
50    {
51        clockSetMainSrc( 'X', 32, 32);//外部 32K,CPU 频率为 32MHz,定时器频率为 32MHz
52        LED_Init();                              //初始化 LED 引脚
```

```
53    LED1G = 1;                                          //LED1 绿灯灭
54    LED2R = 1;                                          //LED2 红灯灭
55    LED3Y = 0;                                          //LED3 黄灯灭
56    KEY_ISR_init();                                     //初始化外部中断
57    LCD_Init();                                         //初始化液晶屏
58    LCD_Clear(0x00);                                    //清屏为白底
59    LCD_PutNumber( 0, LCD_LINE4, E_ADDR, 10, 5, 0);     //显示无线地址
60    LCD_PutNumber(50, LCD_LINE4, RF_CHANNEL, 10, 3, 0);
61    LCD_PutNumber(80, LCD_LINE4, PAN_ID, 10, 5, 0);
62    LCD_PutString( 0, LCD_LINE3, "Time   : ", 0);
63    // =========== 初始化 FLASH, 并读取交通灯时间 开始 ===========
64    HalFlash_init();                                    //初始化 FLASH
65    HalFlashRead(126, 0, v_buf, 2);                     //读取序号为 126 的 page 的前 2 个字节
66    if( v_buf[1] == 0xAA)
67    {
68        ttf = tt = v_buf[0];
69    }
70    // =========== 初始化 FLASH, 并读取交通灯时间 结束 ===========
71    halIntOn();                                         //开启全部中断
72    basicRfConfig.panId = PAN_ID;                       //配置无线通信
73    basicRfConfig.channel = RF_CHANNEL;
74    basicRfConfig.ackRequest = TRUE;
75    basicRfConfig.myAddr = E_ADDR;                      //初始化无线通信
76    basicRfInit( &basicRfConfig);
77    basicRfReceiveOn();                                 //允许无线通信接收
78    while(1)
79    {
80        LED2R = 1;                                      //LED2 红灯灭
81        LED1G = 0;                                      //LED1 绿灯亮
82        LCD_PutString(0, LCD_LINE1, "Green : ", 0);
83        LCD_DELAY(tt);                                  //延时 tt s
84        LED1G = 1;                                      //LED1 绿灯灭
85        LED3Y = 1;                                      //LED3 黄灯亮
86        LCD_PutString(0, LCD_LINE1, "Yellow: ", 0);
87        LCD_DELAY(3);                                   //延时 3s
88        LED3Y = 0;                                      //LED3 黄灯灭
89        LED2R = 0;                                      //LED2 红灯亮
90        LCD_PutString(0, LCD_LINE1, "RED   : ", 0);
91        LCD_DELAY(tt + 3);                              //延时(tt + 3) s
92    }
93 }
94 #pragma vector = P0INT_VECTOR //格式:#pragma vector = 中断向量
95 __interrupt void P0_ISR(void) //P0 中断处理函数
96 {
```

```
97      if( tt > 1)  tt -= 1;                        //大于 1s 可减 1s
98      P 0IFG = 0;                                  //清除 P 0 端口中断标志位
99      P 0IF  = 0;                                  //清除 P 0 端口中断标志
100    }
101    #pragma vector = P2INT_VECTOR //格式: #pragma vector ＝ 中断向量
102    __interrupt void P2_ISR( void) //P2 中断处理函数
103    {
104      if( tt < 60) tt += 1;                       //小于 60s 可加 1s
105      P2IFG  = 0;                                 //清除 P2 端口中断标志位
106      P2IF  = 0;                                  //清除 P2 端口中断标志
107    }
```

多人一起做本任务实验时，请使用不同的信道与 PANID 组成不同的无线局域网，防止相互干扰。

将程序"basicRF – 2001E"、"basicRF – 2002S"、"basicRF – 2003W"与"basicRF – 2004N"分别烧录到四块 Zigbee 板。选择任意一块 Zigbee 板。按下 S1 键，交通灯时间 tt 减少 1s；按下 JoyStick 任意一个，时间增加 1s；绿灯亮 tt s，黄灯亮 3s，红灯亮（tt + 3）s；修改的交通灯时间会利用无线通信发给其他三块板，并将时间保存到 FLASH 中；复位后，Zigbee 板按刚修改的时间运行交通灯；重复上述过程。

完整程序请参看电子资源之源代码"任务 1.17"。

项目 2　照明灯控制系统

学习目标	1. 掌握无线照明监控软件应用的技能	工具软件应用
	2. 学习 CC2530 检测昼夜电路的设计	硬件电路设计
	3. 学习 USB 转串口电路的设计	
	4. 学习 CC2530 定时器溢出中断的用法	软件程序设计
	5. 学习 CC2530 模数转换的用法	
	6. 学习 CC2530 串口通信的用法	
	7. 学习利用 CC2530 开发照明灯控制系统	项目综合应用

一、项目功能需求分析

客户对照明灯控制系统的具体要求如下：

（1）第一路灯是按下按键，灯由灭转亮；再按一次，灯由亮转灭。

（2）第二路灯是按下按键，灯亮一段时间就自动灭。

（3）在白天时，点击第二路灯不会亮；在夜晚时，才按（2）的要求执行。

（4）通过电脑能控制两路灯的亮灭。

（5）通过电脑能修改和保存第二路灯亮的时间，立即按新时间执行。

（6）通过无线控制两路灯的亮灭。

（7）能修改和保存无线短地址，重启按新无线参数工作。

二、项目系统结构设计

为了完成客户的功能需求，照明灯控制系统需要 2 盏发光二极管、2 个按键、1 个用于与电脑通信的 USB 转串口以及 1 路用于检测昼夜的光照检测电路。根据上述内容可得，照明灯控制板由 Zigbee 控制器、灯、按键、USB 转串口以及光照检测组成，如图 2.0.1 所示。Zigbee 控制器识别按键来控制灯的亮灭，并通过光照检测判断昼夜时间，同时通过 USB 转串口与电脑通信。

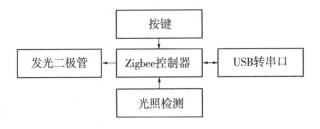

图 2.0.1　照明灯控制板的结构图

照明灯控制板的结构图以各个硬件作为组织机构。因为 Zigbee 读取光敏电阻电压来判断昼夜，所以 Zigbee 与光照检测之间是单向箭头。因为 Zigbee 与电脑之间是双向通信，所以 Zigbee 与 USB 转串口之间是双向箭头。

三、项目硬件设计

项目硬件设计需要满足项目系统结构的功能要求，分为光照检测电路、USB 转串口电路、最小系统电路、电源电路、灯电路、按键电路、复位电路与仿真接口电路共七个部分，其中有五个部分已经讲过，详情请查看项目 1。

1. 光照检测电路设计

光照检测中最简单、最便宜的是利用光敏电阻。有的电路增加电压比较器与可调电阻实现光照检测，输出信号为高、低电平。为了节约成本，这里直接用 CC2530 的 ADC（模数转换方式）采集光敏电阻的电压，其电路如图 2.0.2 所示。光敏电阻 RV1 与固定电阻 R17 串联。电阻型传感器的电路均可参照此电路，例如，MQ–2 烟雾传感器。光会改变光敏电阻 RV1 的电阻值。从串联分压可知，RV1 的电阻越小，ADC1 引脚的电压越小。使用时，需要用短接帽将 J13 的 1 脚与 2 脚短接起来。

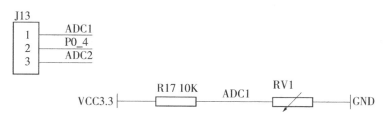

图 2.0.2　光照检测电路

2. USB 转串口电路设计

USB 转串口电路采用 CH340G 芯片，支持 Win10 操作系统，如图 2.0.3 所示。电阻 R31 与发光二极管 D12 组成串口发送的指示灯。当 D12 闪烁时，表示电脑向 CC2530 发送串口数据。电阻 R32 与发光二极管 D11 组成串口接收的指示灯。当 D11 闪烁时，表示 CC2530 向电脑发送串口数据。

四、项目软件设计

为了实现项目功能需求分析的七个功能要求，设计了 9 个任务，从易到难，从简到繁，逐步完善照明灯控制系统，如表 2.0.1 所示。项目需要用到 CC2530 的 I/O 输出、I/O 输入、定时器、模数转换、串口、FLASH 存储与无线通信等知识点与技能。现为每个知识点设立一个任务来单独学习，再设立一个任务讲述如何将知识点应用于照明灯控制系统，有利于学习的迁移。

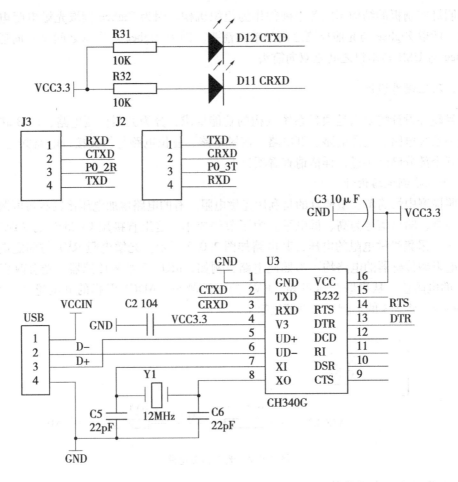

图 2.0.3   USB 转串口电路

表 2.0.1   照明灯控制系统的任务表

序号	任务名称	任务内容	知识点与技能
1	照明灯	第一路灯是按下按键，灯由灭转亮；再按一次，灯由亮转灭；第二路灯是按下按键，灯亮一段时间就自动灭；黄灯每隔 100ms 翻转一次电平	I/O 输出与输入
2	带调整时间的照明灯	基于任务 2.1 利用长短按键增加调整第二路灯时间的功能	I/O 输出与输入
3	定时器溢出中断	用定时器延时与黄灯翻转电平产生方波，能通过按键修改延时值而产生不同周期的方波	定时器
4	定时器延时的照明灯	基于任务 2.2 用定时器延时函数 DelayT4_ms 替换原来消耗指令延时函数 halMcuWaitMs	定时器
5	模数转换	利用模数转换采集光敏电阻的 ADC 转换值，并计算对应的电压值，再控制红灯的亮灭	模数转换

序号	任务名称	任务内容	知识点与技能
6	带昼夜检测的照明灯	基于任务 2.4 利用模数转换采集光敏电阻的电压，判断当前是白天还是夜晚。如果是夜晚，按下 S2～S6 键任意一个，红灯就亮。如果是白天，按下 S2～S6 键任意一个，红灯不亮	模数转换
7	串口	利用串口与电脑实现双向通信，利用串口数据控制红绿灯的亮灭	串口
8	带远程控制与昼夜检测的照明灯	基于任务 2.6 利用串口远程控制两路灯的亮灭。如果是夜晚，远程可以令红灯亮。如果是白天，远程无法令红灯亮	串口
9	无线照明灯	基于任务 2.8 实现无线照明灯	无线通信、FLASH 与串口

五、项目调试与测试

准备两块 Zigbee 板，将任务 2.9 的程序烧录进去。打开 PC 软件（图 2.9.1），选择正确的串口号，设置波特率为 9600、校验位为偶。利用 PC 软件修改无线短地址，令两块 Zigbee 板拥有不同的短地址。

PC 软件利用串口连接一块 Zigbee 板，再在软件填写另一块 Zigbee 板的短地址。利用"绿灯"与"红灯"按钮就可以远程控制另一块 Zigbee 板的红绿灯。

利用 PC 软件修改照明灯时间，令 Zigbee 板的红灯经过照明灯时间后自动熄灭。

六、项目总结

1. 照明灯控制系统的总结

开展一个项目，需要完成功能需求分析、系统结构、硬件、软件与调试五大部分。分析客户的功能需求，设计出一个适合的系统结构，从硬件与软件两方面实现全部功能，最后经过软硬件联调，检验硬件与软件是否存在设计上的缺陷。如果存在硬件或软件上的缺陷，就需要逐一排除，查找问题所在，再解决问题。这样才能将项目成果交给客户。

本项目拆分为 9 个任务来完成照明灯控制系统。

2. 技术总结

借助照明灯控制系统，本项目学习了三方面的内容：

（1）关于工具软件，学习了无线照明灯监控软件的应用。

（2）关于硬件电路设计，学习了 CC2530 光照检测电路与 USB 转串口电路的设计。

（3）关于软件程序编写，学习了光敏电阻、USB 转串口芯片等硬件电路的程序编写方法；学习了 CC2530 的 I/O 输出、I/O 输入、定时器的模式、模数转换、串口、FLASH 与无线通信的程序编写方法。

（4）串口通信是一个比较难使用的工具，特别是串口接收。根据任务 2.7～2.9，串口通信需要通信协议。通信协议由多个字节组成。串口接收只能一个字节一个字节地接收，"什么时候才能接收完整的一条通信指令"成为一个难点。如果串口接收有一次不正确，有可能导致后面所有的串口接收全失败。为了解决这个问题，本书使用 0x0D 0x0A 作为通信指令最后两个字节。这能够有效地解决这个问题。AT 指令也是以 0x0D 0x0A 作为通信指令最后两个字节，因此，本书程序能够很容易地支持 AT 指令。但是工业上的串口通信协议不全是以 0x0D 0x0A 作为通信指令最后两个字节，因此，串口通信还需要学习者多实践。

学习 CC2530 还需要多实操，从实操中学习知识与技能，再利用知识与技能指导实操，提高实操的成功率。

任务 2.1 照明灯

一、学习目标

（1）学习利用 CC2530 的 I/O 引脚输出与输入的用法。

（2）学习利用 CC2530 的 I/O 引脚驱动发光二极管亮灭与识别按键处于"按下"还是"释放"的方法。

二、功能要求

本任务的功能要求是：第一路灯按下按键，灯由灭转亮；再按一次，灯由亮转灭；第二路灯按下按键，灯亮一段时间就自动灭；黄灯每隔 100ms 翻转一次电平。

三、电路工作原理

根据红、黄、绿灯电路（图 1.0.5），黄灯（D3）连接 P1.4 引脚、绿灯（D1）连接 P1.0 引脚、红灯（D2）连接 P1.1 引脚。根据按键电路（图 1.0.6），S1 键连接 P0.1 引脚，S2～S6 键中断引脚连接 P2.0 引脚，还涉及 P0.6 引脚。第一路灯对应绿灯（D1），对应按键为 S1；第二路灯对应红灯（D2），对应按键为 S2～S6（又统称为 JoyStick）的任意一个。整理成 I/O 分配表能更直观掌握电路的控制方法，如表 2.1.1 所示。

表 2.1.1 I/O 分配表

I/O 引脚	功能	设备	高电平	低电平
P0.1	I/O 输入	S1 键	释放	按下
P2.0	I/O 输入	S2～S6 键	按下	释放
P1.0	I/O 输出	绿灯 D1	灭	亮
P1.1	I/O 输出	红灯 D2	灭	亮
P1.4	I/O 输出	黄灯 D3	亮	灭

四、软件设计

1. 第一路灯的程序设计

"按下按键，灯由灭转亮；再按一次，灯由亮转灭"的工作时序对应绿灯（D1）的数字逻辑运算是"按下 S1，1 变 0；再按下 S1，0 变 1"。可见，此数字逻辑运算是逻辑非，具体程序如下：

```
01  u8 t = 0;
02  t = KEY_scan();
03  switch(t)
04  {
05  case 1:
```

```
06    LED1G = ! LED1G;        //LED1 绿灯翻转电平
07    break;
08  }
```

2. 第二路灯的程序设计

"按下按键，灯亮一段时间就自动灭"的工作时序可分解为"按下按键，红灯亮，延时，红灯灭"，具体程序如下：

```
01  u8 t = 0;
02  t = KEY_scan( );
03  switch( t )
04  {
05  case 2:
06    LED2R = 0;        //LED2 红灯亮
07    halMcuWaitMs( 3000 ); //延时 3s
08    LED2R = 1;        //LED2 红灯灭
09    break;
10  }
```

3. 照明灯的程序设计

照明灯的程序流程图（图 2.1.1）及程序如下：

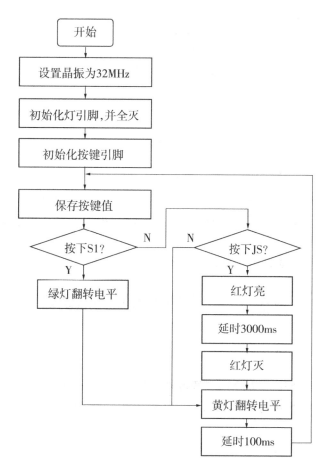

图 2.1.1 照明灯的程序流程图

```
01   #include "led. h"
02   #include "key. h"
03   void main( void)
04   {
05       u8 t = 0;
06       clockSetMainSrc( 'X' , 32, 32) ;        //外部 32K, CPU 频率为 32MHz, 定时器频率为 32MHz
07       LED_Init( ) ;                            //初始化 LED 引脚
08       LED1G = 1;                               //LED1 绿灯灭
09       LED2R = 1;                               //LED2 红灯灭
10       LED3Y = 0;                               //LED3 黄灯灭
11       KEY_Init( ) ;                            //初始化 KEY 引脚
12       while(1)
13       {
14           t = KEY_scan( ) ;
15           switch( t)
16           {
17           case 1:
18               LED1G = ! LED1G;                  //LED1 绿灯翻转电平
19               break;
20           case 2:
21               LED2R = 0;                        //LED2 红灯亮
22               halMcuWaitMs( 3000) ;             //延时 3s
23               LED2R = 1;                        //LED2 红灯灭
24               break;
25           }
26           LED3Y = ! LED3Y;                      //黄灯翻转
27           halMcuWaitMs( 100) ;                  //延时 100ms
28       }
29   }
```

在 main 函数中,程序按流程图编写而成,具有一一对应的关系。

将程序烧录到 Zigbee 板。第一次按下 S1 键,绿灯由灭变亮;再按下 S1 键,绿灯由亮变灭。按下 JoyStick 任意一个,红灯亮 3s 就自动灭。

完整程序请参看电子资源之源代码"任务 2.1"。

任务2.2　带调整时间的照明灯

一、学习目标

(1) 学习利用 CC2530 的 I/O 引脚读取外部高、低电平的用法。

(2) 学习利用 CC2530 的 I/O 引脚识别按键处于"长按下"、"短按下"还是"释放"的方法。

二、功能要求

本任务的功能要求是基于任务 2.1 并利用长短按键调整第二路灯时间的功能。

三、软件设计

1. 调整第二路灯时间的程序设计

这功能要求类似任务 1.9。在任务 2.1 中，第二路灯时间用常量 3000 表示。要将此时间可调整，则应将常量改成变量。因为时间取值范围为 1～60s，所以变量的数据类型可用 u16。具体程序如下：

```
01   u16 tt = 3000;
02   LED2R = 0;
03   halMcuWaitMs(tt);
04   LED2R = 1;
```

2. 识别长短按键的程序设计

这功能要求类似任务 1.9。但是两路按键均被占用。增加按键，也是增加成本。这里对两路按键按长按与短按两种形式区分出 4 个按键值。长短按键的灵感来自于手机操作。长短按键的工作原理：一是识别长按值，经过长时间后，按键仍被按下则认为长按。二是识别短按值，又分为两种情况：第一种是经过长时间后，按键被释放则认为短按；第二种是在"长时间"的过程中，又将时间划分为快速识别短按时间（KEYT1）与长按时间（KEYT2），经过 KEYT1 时间后，判断按键是否被释放，这样能快速识别出短按。流程图（图 2.2.1）及具体程序如下：

```
01   #define   KEYt   50            //防抖时间
02   #define   KEYT1   350          //快速识别短按时间
03   #define   KEYT2   600          //识别长按时间
04   u8 KEY_Lscan(void)
05   {
06     static u8 key_up = 1;        //1 允许识别按键,0 不允许识别按键
07     if(key_up == 1)             //允许识别按键
08     {
09       if(KEYS1 == 0)             //第一次识别 S1 为被按下
10       {
11         halMcuWaitMs(KEYt);      //去抖动延时 50ms
12         if(KEYS1 == 0) {         //第二次识别 S1 也为被按下
13           key_up = 0;            //不允许识别按键
14           halMcuWaitMs(KEYT1);
15           if(KEYS1 == 1) return 1;    //快速识别短按值
16           halMcuWaitMs(KEYT2);
17           if(KEYS1 == 0) return 11;   //长按值
18           return 1;              //短按值
19         }
20       }
21       if(KEYJS == 1) {           //识别 JoyStick 为被按下
22         key_up = 0;              //不允许识别按键
23         halMcuWaitMs(KEYT1);
24         if(KEYJS == 0) return 2;    //快速识别短按值
```

```
25        halMcuWaitMs( KEYT2);
26        if( KEYJS == 1)  return 12;           //长按值
27        return 2;                             //短按值
28      }
29    }else if( KEYS1 == 1 && KEYJS == 0)       //S1 与 JoyStick 同时被释放
30    {
31      key_up = 1;                             //允许识别按键
32    }
33    return 0;                                 //无按键被按下
34  }
```

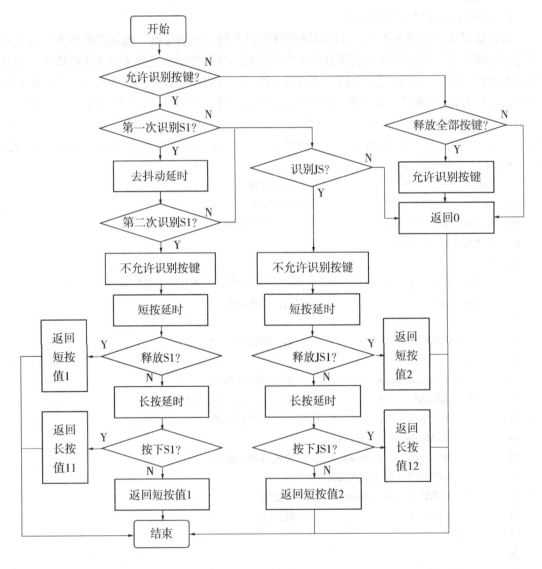

图 2.2.1　识别长短按键的程序流程图

3. 带调整时间的照明灯的程序设计

带调整时间的照明灯的程序流程图（图 2.2.2）及程序如下：

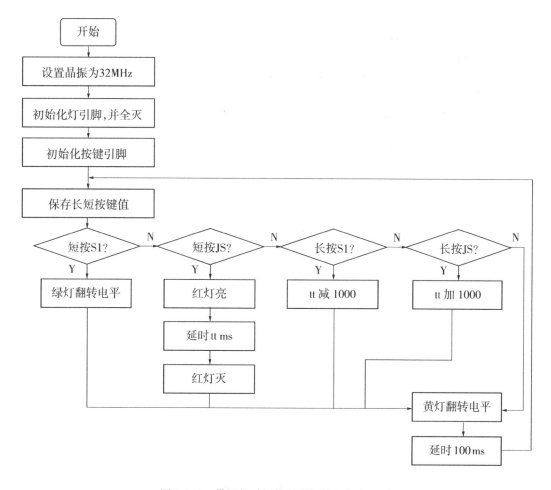

图 2.2.2　带调整时间的照明灯的程序流程图

```
01   #include "led. h"
02   #include "key. h"
03   void main( void)
04   {
05      u8 t = 0;
06      u16 tt = 3000;
07      clockSetMainSrc( 'X' , 32, 32) ;//外部 32K, CPU 频率为 32MHz, 定时器频率为 32MHz
08      LED_Init( ) ;              //初始化 LED 引脚
09      LED1G = 1;                 //LED1 绿灯灭
10      LED2R = 1;                 //LED2 红灯灭
11      LED3Y = 0;                 //LED3 黄灯灭
12      KEY_Init( ) ;              //初始化 KEY 引脚
13      while( 1)
14      {
15          t = KEY_Lscan( ) ;      //读取按键值
16          switch( t)
17          {
```

```
18          case 1:                    //短按 S1 键
19              LED1G = !LED1G;        //LED1 绿灯翻转电平
20              break;
21          case 2:                    //短按 JoyStick 任意一个
22              LED2R = 0;             //LED2 红灯亮
23              halMcuWaitMs(tt);      //延时 tt ms
24              LED2R = 1;             //LED2 红灯灭
25              break;
26          case 11:                   //长按 S1 键
27              if(tt > 1000) tt -= 1000;  //大于 1000ms(1s) 可减 1000ms(1s)
28              break;
29          case 12:                   //长按 JoyStick 任意一个
30              if(tt < 60000) tt += 1000;  //小于 60000ms(60s) 可加 1000ms(1s)
31              break;
32          }
33          LED3Y = !LED3Y;            //黄灯翻转
34          halMcuWaitMs(100);        //延时 100ms
35      }
36  }
```

在任务 2.1 的基础上，长按 S1 键减小 1s，长按 JoyStick 增加 1s。如何知道已识别长按键？在识别长按键时，黄灯停止闪烁。当黄灯再次闪烁时，已经完成一次识别长按键。此时，可释放按键了。

完整程序请参看电子资源之源代码"任务 2.2"。

任务 2.3   定时器溢出中断

一、学习目标

(1) 学习 CC2530 定时器 3 与 4 模模式溢出中断的用法。

(2) 学习根据定时时间值计算定时器的分频比与比较值的方法。

(3) 学习启动与停止定时器的方法。

二、功能要求

本任务的功能要求是：用定时器延时与黄灯翻转电平产生方波，能通过按键修改延时值而产生不同周期的方波。

三、软件设计

1. 定时器的寄存器程序设计

正确设置 CC2530 的 T3CNT、T3CTL、T3CCTL0、T3CCTL1、T3CC0 与 T3CC1 等 6 个寄存器，才能令定时器 3 正常工作。关于这 6 个寄存器，与定时器 4 的 6 个寄存器 (T4CNT、T4CTL、T4CCTL0、T4CCTL1、T4CC0 与 T4CC1) 的用法一样，具体如表 2.3.1 ~表 2.3.4 所示。

表 2.3.1　计数寄存器 T3CNT

二进制位	复位后默认值	备注
7：0	0x00	定时器计数器，当前计数值

表 2.3.2　控制寄存器 T3CTL

二进制位	复位后默认值	备注		
7：5	000	分频因子： 000：1 分频 001：2 分频	010：4 分频 011：8 分频 100：16 分频	101：32 分频 110：64 分频 111：128 分频
4	0	启动与停止定时器： 0：停止定时器　1：启动定时器		
3	1	溢出中断位： 0：关闭溢出中断　1：启动溢出中断		
2	0	清除计数器： 写 1 将计数寄存器 T3CNT 变成 0		
1：0	00	工作模式： 00：自由运行模式　10：模模式 01：向下运行模式　11：向上与向下模式		

2. 定时器工作原理

定时器是一种用于计算时间的工具，其原理是"时间 = 计数量 × 计数周期"。例如，在机械手表中，秒针动 3 下，时间过了 3s。其中，"3 下"是计数量，"3s"是时间，"秒针"是计数周期。**计数周期是计数量变化 1 所消耗的时间，是一个固定值。单片机将"时间"制作成定时器，将"计数量"制作成计数器。因此，很多书将定时器与计数器写在一起。计数器是一种用于计算数量的工具。计数器是一个整数寄存器，"时间"只能是"计数周期"的整数倍**。例如，不可能用秒针计时 0.5s。

表 2.3.3　捕捉/比较的控制寄存器（通道 0）T3CCTL0 与（通道 1）T3CCTL1

二进制位	复位后默认值	备注
7	0	未使用
6	1	通道 0/通道 1 的中断位： 0：关闭中断　1：启动中断
5：3	000	通道 0/通道 1 的比较输出模式： 000：计数到比较值时输出高电平 001：计数到比较值时输出低电平 010：计数到比较值时翻转电平 011：大于比较值时输出高电平，计数到 0x00 时输出低电平 100：大于比较值时输出低电平，计数到 0x00 时输出高电平 101：计数到比较值时输出高电平，计数到 0xFF 时输出低电平 110：计数到比较值时输出低电平，计数到 0xFF 时输出高电平 111：初始化输出引脚

二进制位	复位后默认值	备注
2	0	模式选择： 0：捕捉输入模式　1：比较输出模式
1：0	00	捕捉输入模式： 00：关闭捕捉　10：下降沿 01：上升沿　11：上升沿与下降沿

表 2.3.4　捕捉/比较的计数寄存器（通道 0）T3CC0 与（通道 1）T3CC1

二进制位	复位后默认值	备注
7：0	0x00	捕捉/比较的计数值

CC2530 有三个常用的定时器，分别是 16 位定时器 1、8 位定时器 3 与 8 位定时器 4。定时器 1 用 16 位二进制来计数，其计数范围为 0x0000 ～ 0xFFFF，最大计数量是 65536。定时器 3 与 4 用 8 位二进制来计数，其计数范围为 0x00 ～ 0xFF，最大计数量是 256。

CC2530 的计数周期来自任务 1.7 的表 1.7.1 中定时器计数频率。定时器频率不能超过 CPU 频率。

（1）模模式的工作过程

模模式的工作过程是定时器的计数值（T3CNT 寄存器）从 0 开始计数，每隔定时周期时间 T 就增加 1，直至比较值。再经过一个定时周期时间 T，计数值再加 1，计数值从比较值变成 0。此时发生定时器溢出中断，如图 2.3.1 所示。

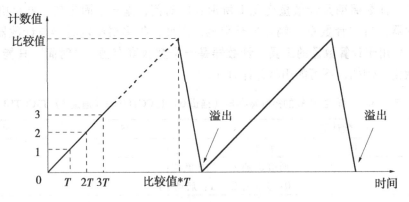

图 2.3.1　模模式的工作过程图

（2）模模式的计数量

从图 2.3.1 所示，模模式运行一个周期的计数量计算公式为：

$$计数量 = 比较值 + 1 \tag{2.3-1}$$

因此，定时器 3 的计数量 = T3CC0 + 1。

（3）定时器的定时周期 T

定时器的定时周期由定时器输入频率与分频比决定，其计算公式为

$$定时周期\ T = 分频比/定时器输入频率 \tag{2.3-2}$$

定时器输入频率由任务 1.7 的表 1.7.1 的 CLKCONCMD 寄存器第 3～5 位二进制位决定。

分频比由定时器 T3CTL 的第 5～7 位二进制位决定。

（4）模模式的定时时间

定时器的模模式的定时时间计算公式为

定时时间 = 计数量×定时周期 = （比较值 +1）×分频比/定时器输入频率

$$(2.3 - 3)$$

已知定时时间，求比较值的计算公式为

比较值 = 定时时间×定时器输入频率/分频比 - 1　　　　（2.3 - 4）

例 1　已知定时器输入频率为 16MHz，要求用定时器 3 或 4 实现 1ms 的定时时间，比较值为

比较值 = 1ms×16MHz/分频比 - 1 = 16000/分频比 - 1

将分频比代入式（2.3 - 4），可求出比较值如表 2.3.5 所示。从表中可知，有 2 组有效数据。

表 2.3.5　分频比与比较值

分频比	比较值	备注	分频比	比较值	备注
1	15999	比较值 >0xFF，无效	16	999	比较值 >0xFF，无效
2	7999	比较值 >0xFF，无效	32	499	比较值 >0xFF，无效
4	3999	比较值 >0xFF，无效	64	249	比较值 ≤0xFF，有效
8	1999	比较值 >0xFF，无效	128	124	比较值 ≤0xFF，有效

使用任务 1.6 中 "&= ～" 运算与 "|=" 运算的三步法：

（1）设置分频比为 1（T3TCL 寄存器的第 5～7 位）（清 0）。

第一步，写二进制数 1110 0000；

第二步，写成十六进制数 0xE0；

第三步，使用 "&= ～" 运算，C 语言语句为　T3TCL &= ～ 0xE0；

（2）设置分频比为 64（T3TCL 寄存器的第 5～7 位为 110）（或运算）。

第一步，写二进制数 110；

第二步，写成十六进制数 6；

第三步，C 语言语句为　T3TCL |= （6 <<5）；

（3）设置分频比为 128（T3TCL 寄存器的第 5～7 位为 111）（或运算）。

第一步，写二进制数 111；

第二步，写成十六进制数 7；

第三步，C 语言语句为　T3TCL |= （7 <<5）；

例 2　已知定时器输入频率为 32MHz，要求用定时器 3 或 4 实现 1ms 的定时时间，比较值为

比较值 = 1ms×32MHz/分频比 - 1 = 32000/分频比 - 1

将分频比代入式（2.3 - 4），可求出比较值如表 2.3.6 所示。从表中可知，只有 1 组有效数据。

表 2.3.6　分频比与比较值

分频比	比较值	备注	分频比	比较值	备注
1	31999	比较值 >0xFF，无效	16	1999	比较值 >0xFF，无效
2	15999	比较值 >0xFF，无效	32	999	比较值 >0xFF，无效
4	7999	比较值 >0xFF，无效	64	499	比较值 >0xFF，无效
8	3999	比较值 >0xFF，无效	128	249	比较值 ≤0xFF，有效

3．初始化定时器 4 为 1ms 的程序设计

已知定时器输入频率为 32MHz，根据表 2.3.6 可知，分频比为 128，比较值为 249。初始化定时器需要考虑 6 点：**通道选择、捕捉或输出模式、工作模式、分频因子、计数量、是否启用中断**。具体程序如下：

```
01    void TIM4_Init( u8 pre, u8 cnt)
02    {
03        T4CCTL0 = 0x44;              //启动通道 0 中断、捕捉输入模式、无捕捉
04        T4CC0 = cnt - 1;            //计数量为 cnt：从 0 计数到 T4CC0
05        T4CTL &= ~0xE3;             //分频比为 1、自由运行模式
06        T4CTL |= (pre << 5);        //设置新分频因子 pre
07        T4CTL |= 0x08;              //允许中断
08        T4CTL |= 0x02;              //模模式
09        EA = 1;                     //打开全部中断
10    }
```

4．启动与停止定时器的程序设计

（1）启动定时器的程序

```
TmCTL |= 0x10;                      //(m 取值 3 和 4)
```

（2）停止定时器的程序：

```
TmCTL &= ~0x10;                     //(m 取值 3 和 4)
```

5．打开与关闭定时器中断的程序设计

（1）打开定时器中断的程序

```
TxIE = 1;                           //(x 取值 3 和 4)
```

（2）关闭定时器中断的程序

```
TxIE = 0;                           //(x 取值 3 和 4)
```

6．定时器延时的程序设计

（1）定义定时器 3 与 4 的分频比常数

```
#define TIM34_Prescaler_1    0
#define TIM34_Prescaler_2    1
#define TIM34_Prescaler_4    2
#define TIM34_Prescaler_8    3
#define TIM34_Prescaler_16   4
#define TIM34_Prescaler_32   5
#define TIM34_Prescaler_64   6
#define TIM34_Prescaler_128  7
```

（2）定义全局变量用于延时

volatile u32 T4cnt = 0; //毫秒级精准延时的全局变量

（3）毫秒级延时函数：延时 n 毫秒

```
01    #pragma optimize = none
02    void DelayT4_ms( u32 n)
03    {
04        TIM4_Init( TIM34_Prescaler_128, 250); //定时时间为 1ms
05        T4cnt = n;
06        T4IF = 0;              //清除 TIM4 中断标志位
07        T4IE = 1;              //打开 TIM4 中断
08        T4CTL |= 0x10;         //启动定时器,开始计时
09        while( T4cnt > 0) { NOP( ); }
10        T4CTL &= ~0x10;        //停止定时器,停止计时
11        T4IE = 0;              //关闭 TIM4 中断
12    }
```

（4）时分秒毫秒级延时函数：延时 h 小时 + m 分钟 + s 秒 + ms 毫秒

```
01    #pragma optimize = none
02    void DelayT4_hms( u8 h, u8 m, u8 s, u8 ms)
03    {
04        TIM4_Init( TIM34_Prescaler_128, 250); //定时时间为 1ms
05        T4cnt = ( u32)(( u32) h * 3600 + ( u32) m * 60 + ( u32) s) * 1000 + ms;
06        T4IF = 0;              //清除 TIM4 中断标志位
07        T4IE = 1;              //打开 TIM4 中断
08        T4CTL |= 0x10;         //启动定时器,开始计时
09        while( T4cnt > 0) { NOP( ); }
10        T4CTL &= ~0x10;        //停止定时器,停止计时
11        T4IE = 0;              //关闭 TIM4 中断
12    }
```

（5）定时器 4 中断函数

```
01    #pragma vector = T4_VECTOR//中断号为 T4 中断
02    __interrupt void T4_ISR( void) //定时器 T4 中断处理函数
03    {
04        if( T4cnt > 0)
05        {
06            T4cnt -- ;
07        }
08    }
```

（6）设置定时器输入频率为 32MHz

clockSetMainSrc('X' , 32, 32); //外部 32K, CPU 频率为 32MHz, 定时器频率为 32MHz

7. 定时器的程序设计

用定时器延时与黄灯翻转电平产生方波，能通过按键修改延时值而产生不同周期的方波。流程图（图2.3.2）及具体程序如下：

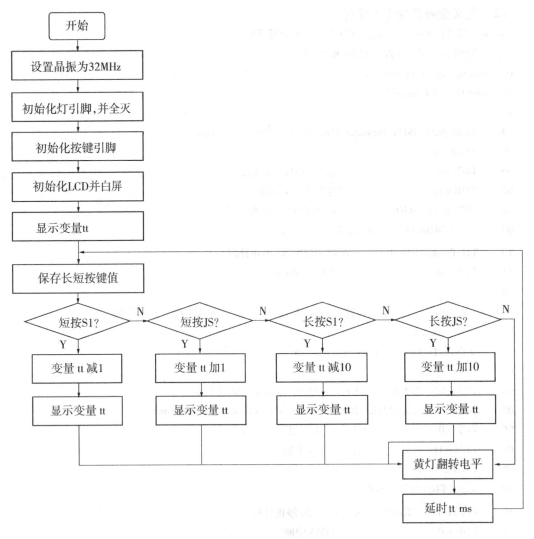

图 2.3.2　定时器的程序流程图

```
01   #include "led. h"
02   #include "key. h"
03   #include "LCD_SPI. h"
04   #include "timer. h"
05   void main( void)
06   {
07      u8 t =0;
08      u16 tt =1;
09      clockSetMainSrc( 'X' , 32, 32) ;      //外部 32K, CPU 频率为 32MHz, 定时器频率为 32MHz
10      LED_Init( ) ;                         //初始化 LED 引脚
11      LED1G =1;                             //LED1 绿灯灭
12      LED2R =1;                             //LED2 红灯灭
13      LED3Y =0;                             //LED3 黄灯灭
14      KEY_Init( ) ;                         //初始化 KEY 引脚
15      LCD_Init( ) ;
```

```
16      LCD_Clear(0x00);
17      LCD_PutNumber(0, LCD_LINE1, tt, 10, 5, 0);
18      while(1)
19      {
20        t = KEY_Lscan();
21        switch(t)
22        {
23        case 1:
24          if(tt > 1)
25          {
26            tt -= 1;             //大于1ms可减1ms
27            LCD_PutNumber(0, LCD_LINE1, tt, 10, 5, 0);
28          }
29          break;
30        case 2:
31          if(tt < 60000)
32          {
33            tt += 1;             //小于60000ms可加1ms
34            LCD_PutNumber(0, LCD_LINE1, tt, 10, 5, 0);
35          }
36          break;
37        case 11:
38          if(tt > 10)
39          {
40            tt -= 10;            //大于10ms可减10ms
41            LCD_PutNumber(0, LCD_LINE1, tt, 10, 5, 0);
42          }
43          break;
44        case 12:
45          if(tt < 60000)
46          {
47            tt += 10;            //小于60000ms可加10ms
48            LCD_PutNumber(0, LCD_LINE1, tt, 10, 5, 0);
49          }
50          break;
51        }
52        LED3Y = !LED3Y;           //黄灯翻转
53        DelayT4_ms(tt);          //定时器4实现精准延时 tt ms
54      }
55    }
```

将程序烧录到 Zigbee 板。短按按键可微调时间（加减1ms），长按按键可粗调时间（加减10ms）。为了调试方便，将变量 tt 显示到液晶屏上。有条件的学习者，可以用示波器测量黄灯的方波波形，判断定时器4是否实现精准延时。

完整程序请参看电子资源之源代码"任务2.3"。

任务2.4　定时器延时的照明灯

本任务的功能要求是基于任务2.2用定时器延时函数 DelayT4_ms 替换原来消耗指令延时函数 halMcuWaitMs。

完整程序请参看电子资源之源代码"任务2.4"。

任务2.5　模数转换

一、学习目标

（1）学习 CC2530 模数转换的用法。

（2）学习利用 CC2530 的 P0.4 引脚采集光敏电阻的电压的方法。

（3）学习基于模数转换公式利用 ADC 转换值计算被测电压值的方法。

二、功能要求

本任务的功能要求是利用模数转换采集光敏电阻的 ADC 转换值，并计算对应的电压值，再控制红灯的亮灭。

三、电路工作原理

模数转换像示波器一样，是一种用于测量外部电压的工具。CC2530 有 12 路模数转换用于测量外部电压，其引脚是 P0 端口的 P0.0 ～ P0.7。CC2530 能测量 8 路单端电压以及 4 路差分电压。P0.0 ～ P0.7 均能测量单端电压；P0.0 与 P0.1、P0.2 与 P0.3、P0.4 与 P0.5、P0.6 与 P0.7 这四路均能测量差分电压，即测量两根引脚之间的电压差。

模数转换还需要模拟电源与参考电源，分别是模拟电源正极引脚 VDD、模拟电源负极引脚 VSS、参考电源正极引脚 Vref + 与参考电源负极引脚 Vref − 。在 CC2530 的核心板中，VSS 引脚与 Vref − 引脚均接地，VDD 引脚与 Vref + 引脚均连接 3.3V。注意，CC2530 不允许被测量的电压超过 3.3V，否则会烧坏芯片 CC2530。

四、软件设计

1. 模数转换的寄存器程序设计

正确设置 CC2530 的 ADCL、ADCH、ADCCON1、ADCCON2 与 ADCCON3 这 5 个寄存器，才能令模数转换正常工作，具体如表 2.5.1 ～ 2.5.4 所示。

表 2.5.1　转换结果的数值寄存器的低字节 ADCL

位	复位后默认值	备注
7 : 2	0000 00	转换结果的最低 6 位
1 : 0	00	无效，永远为 0

表 2.5.2　转换结果的数值寄存器的高字节 ADCH

位	复位后默认值	备注
7 : 0	0x00	转换结果的最高 8 位

表 2.5.3　控制寄存器 ADCCON1

位	复位后默认值	备注
7	0	转换完成标志位： 0：未完成　1：已完成
6	0	启动转换： 0：停止　1：启动
5：4	11	触发转换模式： 00：由 P2.0 引脚外部信号触发 01：自动转换 10：定时器 1 通道 0 比较输出触发 11：手动转换
3：2	00	控制随机数寄存器（不常用功能）
1：0	11	无效位

表 2.5.4　连续转换控制寄存器 ADCCON2 与单次转换控制寄存器 ADCCON3

位	复位后默认值	备注
7：6	00	选择参考电压源： 00：内部参考电压 01：P0.7 引脚的外部电压 10：AVDD5 引脚的电压（核心板焊接 3.3V） 11：P0.6 与 P0.7 两根引脚之间电压差
5：4	01	转换结果的分辨率（即用多少位二进制表示转换结果的数值）： 00：7 位　10：10 位 01：9 位　11：12 位
3：0	0000	选择采集电压的通道： 0000：P0.0 引脚　　　1000：P0.0 与 P0.1 引脚的电压差 0001：P0.1 引脚　　　1001：P0.2 与 P0.3 引脚的电压差 0010：P0.2 引脚　　　1010：P0.4 与 P0.5 引脚的电压差 0011：P0.3 引脚　　　1011：P0.6 与 P0.7 引脚的电压差 0100：P0.4 引脚　　　1100：GND（固定电压） 0101：P0.5 引脚　　　1101：保留，无效 0110：P0.6 引脚　　　1110：内部温度传感器 0111：P0.7 引脚　　　1111：VDD/3（固定电压）

2. 模数转换的计算方法

模数转换的四要素：参考电压值、模数转换的位数（分辨率）N、被测电压值、ADC 转换值。这四要素存在线性关系，按式（2.5-1）计算。

$$\frac{被测电压}{参考电压}=\frac{ADC\ 转换值}{2^N-1} \tag{2.5-1}$$

例如，已知参考电压值为 3.3V，模数转换为 10 位。如果被测电压为 2.5V，那么 ADC 转换值为 $2.5\times(2^{10}-1)/3.3=775$。

CC2530 用 14 位二进制保存 ADC 转换值，而转换结果的分辨率有 7、9、10 与 12，那么究竟 14 位二进制中哪些二进制位分别是分辨率为 7、9、10 与 12 的结果呢？可以用这个例子的计算方法指导实操。

3. 模数转换的 I/O 引脚的寄存器设计

模数转换要求引脚设置为输入、三态、特殊状态，再启动 ADC 功能，如表 2.5.5 所示。具体程序如下：

```
01    P 0SEL |= (0x01 << channel);              //将引脚设为特殊
02    P 0DIR &= ~(0x01 << channel);             //  输入
03    P 0INP |= (0x01 << channel);              //  三态
04    APCFG |= (0x01 << channel);               //启用 ADC 功能
```

表 2.5.5 引脚的模数转换设置寄存器 APCFG

位	复位后默认值	备注
7：0	0x00	模数转换的 I/O 设置： 0：关闭 ADC 功能 　　　　　　　1：打开 ADC 功能

4. 测量电压的程序设计

参考电压选择 AVDD5 引脚的 3.3V，再正确设置模数转换的通道与分辨率，就能测量外部电压。**单次模数转换的七个步骤是初始化引脚、设置单次转换控制器、手动转换模式、启动转换、等待转换结束、关闭 ADC 功能、读取 ADC 转换值。**设计一个函数用于读取 ADC 转换结果，并将这两者作为参数，具体程序如下：

```
01    u16 get_ADC(u8 channel, u8 resolution)
02    {
03        u16 adcvalue = 0xFFFF;                  //变量用于保存 ADC 转换值
04        P 0SEL |= (0x01 << channel);            //将引脚设为特殊
05        P 0DIR &= ~(0x01 << channel);           //  输入
06        P 0INP |= (0x01 << channel);            //    三态
07        APCFG |= (0x01 << channel);             //启用 ADC 功能
08        switch (resolution)                     //区分分辨率:单次转换模式
09        {
10        case 7:
11          ADCCON3 = 0x80 | 0x00 | channel;      //参考电压为 3.3V,分辨率为 7 位,通道
12          break;
13        case 9:
14          ADCCON3 = 0x80 | 0x10 | channel;      //参考电压为 3.3V,分辨率为 9 位,通道
15          break;
16        case 10:
17          ADCCON3 = 0x80 | 0x20 | channel;      //参考电压为 3.3V,分辨率为 10 位,通道
18          break;
19        default:
20          ADCCON3 = 0x80 | 0x30 | channel;      //参考电压为 3.3V,分辨率为 12 位,通道
21          break;
22        }
23        ADCCON1 |= 0x30;                        //手动转换
24        ADCCON1 |= 0x40;                        //启动 A/D 转换
25        while(!(ADCCON1 & 0x80)){}              //等待 ADC 转换结束
```

```
26      APCFG & = ~ (0x01 << channel);           //关闭 ADC 功能
27      adcvalue  = ADCH;                         //读取 ADC 转换值的高字节
28      adcvalue << = 8;
29      adcvalue |= ADCL;                         //读取 ADC 转换值的低字节,并合并成双字节
30      switch (resolution)
31      {
32      case 7:
33        adcvalue  >> = 8;                       //保留 7 位有效二进制位(最高位恒为 0)
34        break;
35      case 9:
36        adcvalue  >> = 6;                       //保留 9 位有效二进制位(最高位恒为 0)
37        break;
38      case 10:
39        adcvalue  >> = 5;                       //保留 10 位有效二进制位(最高位恒为 0)
40        break;
41      default:
42        adcvalue  >> = 3;                       //保留 12 位有效二进制位(最高位恒为 0)
43        break;
44      }
45      return adcvalue;                          //返回 ADC 转换值
46    }
```

5. 以 12 位分辨率读取 P 0.4 引脚的 ADC 转换值的程序设计

```
u16 v = get_ADC(4, 12);                         //光敏电阻
```

6. 根据 ADC 转换值计算出电压值的程序设计

```
typedef  float  fp32;                           //单精度浮点数
fp32 val = (fp32)v * 3.30/(4096.0 - 1.0);       //计算电压值
```

7. 模数转换的程序设计

模数转换的程序流程图 (图 2.5.1) 及程序如下:

```
01    #include "led. h"
02    #include "LCD_SPI. h"
03    #include "adc. h"
04    void main( void)
05    {
06      u16 v = 0;
07      fp32 val = 0.0;
08      clockSetMainSrc('X', 32, 32);//外部 32K, CPU 频率为 32MHz, 定时器频率为 32MHz
09      LED_Init();           //初始化 LED 引脚
10      LED1G = 1;            //LED1 绿灯灭
11      LED2R = 1;            //LED2 红灯灭
12      LED3Y = 0;            //LED3 黄灯灭
13      LCD_Init();           //初始化液晶屏
14      LCD_Clear(0x00);      //清屏为白底
15      while(1)
16      {
17        LCD_PutString( 0, LCD_LINE1, "Res  =", 0);
```

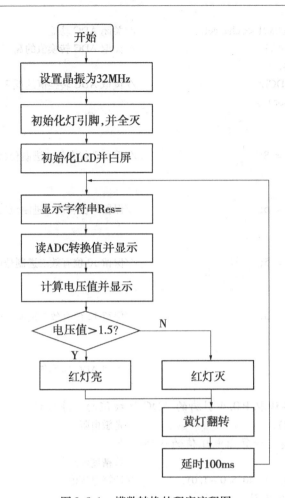

图 2.5.1　模数转换的程序流程图

```
18      v = get_ADC(4, 12);                          //光敏电阻
19      LCD_PutNumber(40, LCD_LINE1, v, 10, 5, 0);//显示 ADC 转换值
20      val = (fp32) v * 3.30/(4096.0 - 1.0);        //ADC 转换值转电压值
21      LCD_Putfloat(85, LCD_LINE1, val, 1, 2, 0);   //显示电压值
22      if( val > 1.5) //判断昼夜//亮:650(0.53V)    暗:3410(2.75V)
23      {
24        LED2R = 0;                                 //亮灯
25      }else{
26        LED2R = 1;                                 //灭灯
27      }
28      LED3Y = ! LED3Y;                             //黄灯翻转
29      halMcuWaitMs(100);                           //延时 100ms
30    }
31  }
```

将程序烧录到 Zigbee 板。液晶屏显示 ADC 转换值与电压值。如果光线较暗,红灯就亮。如果光线较强,红灯就灭。

夜晚检测结果:ADC 转换值为 3103、对应电压为 2.50V,红灯亮,如图 2.5.2a 所示。

白天检测结果：ADC 转换值为 1092、对应电压为 0.88V，红灯灭，如图 2.5.2b 所示。

```
Res = 03103   2.50
```

```
Res = 01092   0.88
```

（a）夜晚检测结果　　　　　　　　　　（b）白天检测结果

图 2.5.2　检测结果

完整程序请参看电子资源之源代码"任务 2.5"。

因为单片机进行浮点运算的速度很慢，消耗内存多，所以计算电压值时，建议先将参考电压值（3.30）增大 100 倍（330），再按式（2.5-1）计算，结果为被测电压值的 100 倍。

v = (u32)v * (u32)330/(u32)4095;　　　　//ADC 转换值转电压值的 100 倍

将整数转成带小数点的浮点字符串，并显示到 LCD 上。

u8 buf[5];

buf[0] = (v/100) + '0';　　　　　//百位的数字 + '0' 就能转成可见数字

buf[1] = '.';　　　　　　　　　//小数点字符

buf[2] = ((v%100)/10) + '0';　　//十位的数字 + '0' 就能转成可见数字

buf[3] = (v%10) + '0';　　　　　//个位的数字 + '0' 就能转成可见数字

buf[4] = 0;　　　　　　　　　　//字符串结束符

LCD_PutString(85, LCD_LINE2, buf, 16, 0);　　　　//显示带小数点的电压值

其实，液晶屏显示的数字均是可见的 ASCII 码（'0' 至 '9'），而不是不可见的 ASCII 码（0～9）。'0' 对应整数为 0x30，而 0 对应整数为 0x00。可见，'0' 与 0 在本质上有很大区别。

任务 2.6　带昼夜检测的照明灯

一、学习目标

学习 CC2530 模数转换的应用。

二、功能要求

本任务的功能要求是基于任务 2.4 利用模数转换采集光敏电阻的电压，判断当前是白天还是夜晚。如果是夜晚，按下 S2～S6 键任意一个，红灯就亮。如果是白天，按下 S2～S6 键任意一个，红灯不亮。

三、软件设计

1. 昼夜检测的程序设计

根据上一个任务，用分辨率为 12 的形式读取 ADC 转换值。ADC 转换值是一个双字节的整数。对于 8 位单片机，运算速率比单字节的整数慢。这里用分辨率为 7 来读取光敏电阻的 ADC 转换值。原来分辨率为 12 时，用 1.5V 区分昼夜。现分辨率改为 7，对应 ADC 转换

值用 60，其对应电压为 $60 \times 3.30/128 = 1.55$（V）。现在判断昼夜直接使用 ADC 转换值，会减少一道计算，运算速率会更快。

昼夜检测的程序如下：

```
01   u16   v = 0;
02   v = get_ADC(4, 7);           //采集光敏电阻的 ADC 转换值
03   if( v > 60)                  //判断昼夜, 60x3.30/128 = 1.55V
04   {
05       LED2R = 0;               //LED2 红灯亮
06       DelayT4_hms(0, 0, tt, 0); //延时 tt 秒
07       LED2R = 1;               //LED2 红灯灭
08   }
```

2. 带昼夜检测的照明灯程序

带昼夜检测的照明灯程序流程图（图 2.6.1）及程序如下：

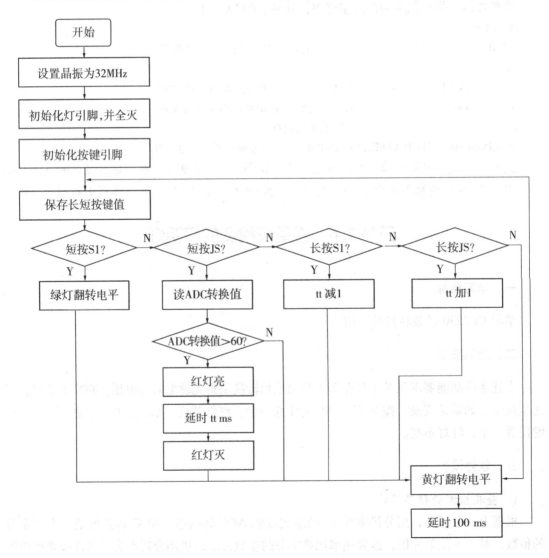

图 2.6.1　带昼夜检测的照明灯程序流程图

```
01  #include "led. h"
02  #include "key. h"
03  #include "timer. h"
04  #include "adc. h"
05  void main( void)
06  {
07    u8 t = 0, tt = 3;
08    u16 v = 0;
09    clockSetMainSrc('X', 32, 32);        //外部 32K, CPU 频率为 32MHz, 定时器频率为 32MHz
10    LED_Init();                          //初始化 LED 引脚
11    LED1G = 1;                           //LED1 绿灯灭
12    LED2R = 1;                           //LED2 红灯灭
13    LED3Y = 0;                           //LED3 黄灯灭
14    KEY_Init();                          //初始化 KEY 引脚
15    while(1)
16    {
17      t = KEY_Lscan();
18      switch(t)
19      {
20      case 1:
21        LED1G = ! LED1G;                 //LED1 绿灯翻转电平
22        break;
23      case 2:
24        v = get_ADC(4, 7);               //光敏电阻
25        if( v > 60)                      //判断昼夜, 60x3. 30/128 = 1. 55 V
26        {
27          LED2R = 0;                     //LED2 红灯亮
28          DelayT4_hms(0, 0, tt, 0);      //延时 tt 秒
29          LED2R = 1;                     //LED2 红灯灭
30        }
31        break;
32      case 11:
33        if( tt > 1) tt -= 1;             //大于 1s 可减 1s
34        break;
35      case 12:
36        if( tt < 60) tt += 1;            //小于 60s 可加 1s
37        break;
38      }
39      LED3Y = ! LED3Y;                   //黄灯翻转
40      DelayT4_ms(100);                   //延时 100ms
41    }
42  }
```

将程序烧录到 Zigbee 板。短按 S1，绿灯翻转电平；长按 S1，tt 减 1s；长按 JoyStick，tt 加 1s。短按 JoyStick，当光线较强时，红灯亮 tt 秒就自动灭；否则，红灯不亮。

完整程序请参看电子资源之源代码"任务 2.6"。

任务 2.7 串口

一、学习目标

学习 CC2530 串口通信的用法。

二、功能要求

本任务的功能要求是利用串口与电脑实现双向通信，利用串口数据控制红绿灯的亮灭。

三、电路工作原理

1. 串口电路

串口是一种用于与外部芯片进行双向通信的工具。串口由发送引脚 TXD 与接收引脚 RXD 组成。将 CC2530 的 RXD 与 TXD 分别连接到设备的 TXD 与 RXD，两者还需要共地线，如图 2.7.1 所示。可见，两个设备之间进行串口连接需要交叉方式。CC2530 有 2 路串口，其引脚分布如表 2.7.1 所示。

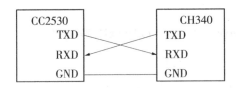

图 2.7.1 CH340 与 CC2530 的串口连接图

表 2.7.1 串口引脚分配图

三总线引脚		RXD	TXD	RTS	CTS
串行通信 0	Alt. 1	P0.2	P0.3	P0.5	P0.4
	Alt. 2	P1.4	P1.5	P1.3	P1.2
串行通信 1	Alt. 1	P0.5	P0.4	P0.3	P0.2
	Alt. 2	P1.7	P1.6	P1.5	P1.4

串口与三总线一样，都是双向通信工具，均属于串行通行，即利用高低电平传输数据。区别是串口引脚数量少，异步通信速度慢，常用于两块电路板之间的通信；三总线引脚数量多，同步通信速度快，常用于同一块电路板内部多芯片之间的通信，如表 2.7.2 所示。

表 2.7.2 串口与三总线区别

	最高速率等级	通信距离	通信节点数量	通信方式	导线数量
串口	kHz	远	点对点	异步	3
三总线	MHz	近	一对多	同步	最少 5

2. 串口与 CH340 电路

液晶屏已使用 CC2530 的串行通信 1 的 Alt. 2，而串口选择了串行通信 0 的 Alt. 1。整理成 I/O 分配表能更直观掌握电路的控制方法，如表 2.7.3 所示。

表 2.7.3　I/O 分配表

I/O 引脚	功能	设备	高电平	低电平
P 0. 2	RXD	CH340 的 TXD	—	—
P 0. 3	TXD	CH340 的 RXD	—	—

四、软件设计

1. I/O 引脚的寄存器程序设计

正确设置 CC2530 的 P 0SEL 与 PERCFG 寄存器，才能令 I/O 工作于串口，具体可参见表 1.6.2 与表 1.12.3。使用任务 1.6 中"&= ~"运算与" |="运算的三步法：

例 1　要求将 P 0. 2 与 P 0. 3 引脚设为特殊功能（置 1）。

第一步，写二进制数 0000 1100；

第二步，写成十六进制数 0x0C；

第三步，使用" |="运算，C 语言语句为　P 0SEL |= 0x0C；

例 2　要求使用串行通信 0 的 Alt. 1（清 0）。

第一步，写二进制数 0000 0001；

第二步，写成十六进制数 0x01；

第三步，使用"&= ~"运算，C 语言语句为　PERCFG &= ~ 0x01；

设置 P 0. 2 与 P 0. 3 为特殊，使用串行通信 0 的 Alt. 1，具体程序如下：

```
P 0SEL |= 0x0C;          //P 0.2 与 P 0.3 外设功能
PERCFG &= ~0x01;         //USART 0 Alt1: P 0.2(RX),P 0.3(TX),P 0.4(CT),P 0.5(RT)
```

2. 串行通信的寄存器程序设计

正确设置 CC2530 的 U0CSR、U0UCR、U0GCR、U0BUF、U0BAUD 等 5 个寄存器，才能使串口 0 正常工作。关于这 5 个寄存器，与串口 1 的 5 个寄存器（U1CSR、U1UCR、U1GCR、U1BUF、U1BAUD）的用法一样，具体如表 2.7.4 ～表 2.7.8 所示。

表 2.7.4　串行通信的控制与状态寄存器 U0CSR

位	复位后默认值	备注	
7	0	串行模式： 0：三总线	1：串口
6	0	串口接收使能： 0：禁止接收	1：允许接收
5	0	三总线主从机模式： 0：主机	1：从机
4	0	串口帧错误状态： 0：无错误	1：已接收 1 个字节但停止位错误

位	复位后默认值	备注
3	0	串口校验错误状态： 0：无错误　　　　　　　　　　　1：已接收 1 个字节但校验错误
2	0	接收状态，用于串口模式与三总线从机模式： 0：未收到字节　　　　　　　　　1：已收到 1 字节
1	0	发送状态，用于串口模式与三总线主机模式： 0：未发送完　　　　　　　　　　1：已发送完
0	0	串行收发状态： 0：通信处于空闲状态　　　　　　1：通信处于忙碌状态

表 2.7.5　串行通信的控制寄存器 U1USR

位	复位后默认值	备注
7	0	清除单元。写 1 时，串行通信会立即停止工作，进入空闲状态
6	0	串口硬件流： 0：禁止　　　　　　　　　　　　1：使用
5	0	串口发送的奇偶校验位： 0：奇校验　　　　　　　　　　　1：偶校验
4	0	串口 9 位数据： 0：发送 8 位数据　　　　　　　　1：发送 9 位数据
3	0	串口奇偶校验： 0：无校验　　　　　　　　　　　1：奇偶校验
2	0	串口停止位的位数： 0：1 位停止位　　　　　　　　　1：2 位停止位
1	0	串口停止位的电平，必须不同于开始位的电平： 0：停止位为低电平　　　　　　　1：停止位为高电平
0	0	串口起始位电平： 0：起始位为低电平　　　　　　　1：起始位为高电平

表 2.7.6　串行通信的通用控制寄存器 U1GCR

位	复位后默认值	备注
7	0	三总线时钟极性（CPOL）： 　0：负时钟极性　　　　　　　　1：正时钟极性
6	0	三总线时钟相位（CPHA）： 0：第一个时钟边沿时，主机向从机发送字节，从机采样； 　第二个时钟边沿时，主机从从机接收字节，从机输出； 1：第一个时钟边沿时，主机从从机接收字节，从机采样； 　第二个时钟边沿时，主机向从机发送字节，从机输出

位	复位后默认值	备注
5	0	二进制位发送顺序： 0：先发 LSB，即从 1 个字节的最低位开始发送 1：先发 MSB，即从 1 个字节的最高位开始发送
4：0	0 0000	BAUD_E［4：0］用于计算串口波特率与三总线时钟频率

表 2.7.7　串行通信的收发字节寄存器 U1DBUF

位	复位后默认值	备注
7：0	0x00	接收字节或发送字节的寄存器

表 2.7.8　串行通信的速率控制寄存器 U1BAUD

位	复位后默认值	备注
7：0	0x00	BAUD_M［7：0］用于计算串口波特率与三总线时钟频率

串口波特率按式（2.7-1）计算。

$$波特率 = \frac{(256 + BAUD\_M) \times 2^{BAUD\_E}}{2^{28}} \times CPU\ 频率 \qquad (2.7-1)$$

表 2.7.9　32MHz CPU 频率时常用波特率

波特率	BAUD_M	BAUD_E	误差（%）	波特率	BAUD_M	BAUD_E	误差（%）
2400	59	6	0.14	38400	59	10	0.14
4800	59	7	0.14	57600	216	10	0.03
9600	59	8	0.14	76800	59	11	0.14
14400	216	8	0.03	115200	216	11	0.03
19200	59	9	0.14	230400	216	12	0.03
28800	216	9	0.03				

串口初始化包括波特率、校验位、数据位、停止位与硬件流。

（1）设置波特率常量

```
#define BAUD_2400        1
#define BAUD_4800        2
#define BAUD_9600        3
#define BAUD_14400       4
#define BAUD_19200       5
#define BAUD_28800       6
#define BAUD_38400       7
#define BAUD_57600       8
#define BAUD_76800       9
#define BAUD_115200      10
#define BAUD_230400      11
```

（2）设置校验位常量

```
#define NONE_PARITY        0                    //无校验
#define ODD_PARITY         1                    //奇校验
#define EVEN_PARITY        2                    //偶校验
#define PARITYBIT          NONE_PARITY          //使用无校验
```

（3）初始化串口通信设置

波特率使用形参 baud 设置，校验位使用常量 PARITYBIT 设置，8 位数据位与 1 位停止位，具体程序如下：

```
01   void COM_Init(u8 baud)
02   {
03     P 0SEL |= 0x0C;        //P 0.2 与 P 0.3 外设功能
04     PERCFG &= ~0x01;       //USART 0 Alt1: P 0.2(RX), P 0.3(TX), P 0.4(CT), P 0.5(RT)
05     U0CSR |= 0x80;         //UART 模式
06     switch(baud)           //设置波特率
07     {
08     case BAUD_2400:
09       U0BAUD = 59; U0GCR = 6;        //  2400
10       break;
11     case BAUD_4800:
12       U0BAUD = 59; U0GCR = 7;        //  4800
13       break;
14     case BAUD_9600:
15       U0BAUD = 59; U0GCR = 8;        //  9600
16       break;
17     case BAUD_14400:
18       U0BAUD =216; U0GCR = 8;        //  14400
19       break;
20     case BAUD_19200:
21       U0BAUD = 59; U0GCR = 9;        //  19200
22       break;
23     case BAUD_28800:
24       U0BAUD =216; U0GCR = 9;        //  28800
25       break;
26     case BAUD_38400:
27       U0BAUD = 59; U0GCR =10;        //  38400
28       break;
29     case BAUD_57600:
30       U0BAUD =216; U0GCR =10;        //  57600
31       break;
32     case BAUD_76800:
33       U0BAUD = 59; U0GCR =11;        //  76800
34       break;
35     case BAUD_115200:
36       U0BAUD =216; U0GCR =11;        //  115200
37       break;
```

```
38    default:
39      U0BAUD = 216; U0GCR = 12;       // 230400
40    }
41  #if((PARITYBIT == ODD_PARITY) || (PARITYBIT == EVEN_PARITY))
42    U0UCR |= 0x18;      //使用奇偶校验
43  #else
44    U0UCR&= ~0x18;    //使用无校验
45  #endif
46    U0CSR   |= 0x40;   //允许 UART 接收
47    UTX0IF  = 0;       //清除 UART0 的 TX 中断标志位
48    URX0IE =1;         //打开 UART0 接收中断
49    EA =1;             //打开全部中断
50  }
```

例1 设置串口通信设置为9600，N，8，1 的程序如下：
#define PARITYBIT   NONE_PARITY   //使用无校验
COM_Init(BAUD_9600);

例2 设置串口通信设置为38400，E，8，1 的程序如下：
#define PARITYBIT   EVEN_PARITY   //使用偶校验
COM_Init(BAUD_38400);

3. 串口发送1个字节的程序设计

发送字节使用形参 buf，具体程序如下：

```
01  void COM_SendChar(u8 buf)
02  {
03    U0CSR &= ~0x40;        //禁止接收
04    ACC = buf;
05    if(P)//ACC 中奇数个 1，则 P = 1，否则为 0
06    {
07  #if (PARITYBIT == ODD_PARITY)
08      U0UCR&= ~0x20;
09  #elif (PARITYBIT == EVEN_PARITY)
10      U0UCR |= 0x20;
11  #endif
12    }else{
13  #if (PARITYBIT == ODD_PARITY)
14    U0UCR |= 0x20;
15  #elif (PARITYBIT == EVEN_PARITY)
16    U0UCR&= ~0x20;
17  #endif
18    }
19    U0DBUF = buf;
20    while(UTX0IF == 0){}
21    UTX0IF = 0;
22    U0CSR |= 0x40;            //允许接收
23  }
```

4. 串口发送字符串的程序设计

发送字符串在 C 语言中使用指针类型的形参 buf，具体程序如下：

```
01   void COM_SendString( u8 ∗ buf)
02   {
03     while( ∗ buf)
04     {
05       COM_SendChar( ∗ buf);
06       buf ++ ;
07     }
08   }
```

while 语句的条件表达式为 ∗ buf，相当于 ∗ buf! = 0。因为字符串最后一个字节是 0，所以不等于 0 就表示未到字符串的结尾。语句 buf ++ ；表示指针加 1，指向下一个字节。

5. 串口发送指定长度的数组的程序设计

数组使用形参 buf，长度使用形参 len，具体程序如下：

```
01   void COM_Sendarr( u8 ∗ buf, u8 len)
02   {
03     u8 i;
04     for( i = 0; i < len; i ++ )
05     {
06       COM_SendChar( buf[ i]) ;
07     }
08   }
```

6. 使用 printf 语句进行串口的程序设计

(1) 设置编译选项

"C/C ++ Complier" —→ " Discard Unused Publics" 不打钩，如图 2.7.2 所示。

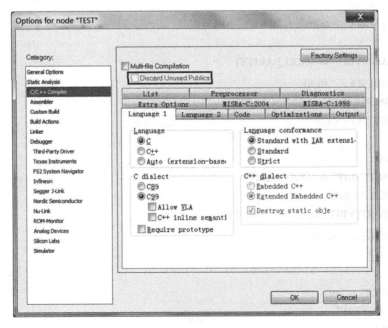

图 2.7.2 编译选项

(2) 编写 putchar 函数

```
01    __near_func int putchar( int ch)
02    {
03        COM_SendChar( ch) ;//串口发送
04        return ch;
05    }
```

（3）引用头文件

#include ＜stdio. h＞

设置编译选项中支持 printf 格式层次为 Large，C 语言编译库为 CLIB，分别如图 2.7.3 与图 2.7.4 所示。

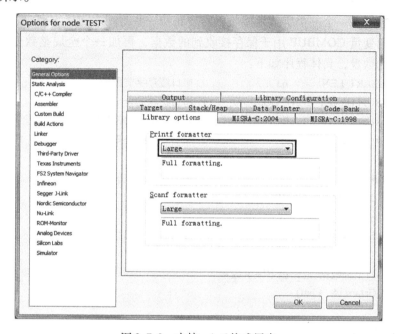

图 2.7.3　支持 printf 格式层次

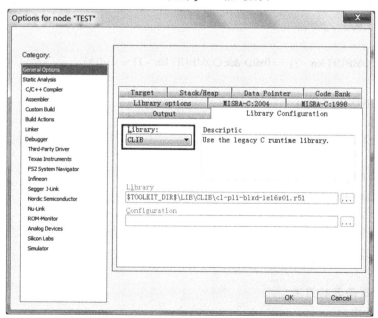

图 2.7.4　C 语言编译库

表 2.7.10　printf 格式层次

printf 格式层次	备注
Large	全部格式
Medium	不支持浮点
Small	不支持浮点、场宽与精度

7. 串口接收的程序设计

串口接收数据是一个一个字节地接收，需要花费一些时间才能接收完成。因此，需要定义一个全局数组变量 COMBUF 用于保存接收到的数据，再加一个全局整数变量 COMi 用于保存已接收到的数量，具体程序如下：

```
01  #define USART_LEN        63            //串口缓存字节数量
02  u8 COMBUF[USART_LEN], COMi = 0;        //串口接收的全局变量
03  #pragma vector = URX0_VECTOR           //中断号为 UART0 中断
04  __interrupt void U0_ISR(void)          //串口 0 中断处理函数
05  {
06    URX0IF = 0;                          //清除接收完成标志位
07    COMBUF[COMi] = U0DBUF;               //保存接收到的数据
08    COMi ++ ;                            //接收数量加 1
09    if( COMi > USART_LEN) COMi = 0;      //接收数量超出缓存,从 0 开始接收
10  }
11  //读取串口全部数据,返回读取字节数量
12  u8 COM_Getarr( u8  * buf)
13  {
14    u8 i = 0, len;
15    len = COMi;
16    if( len > = 2)
17    {
18      if( COMBUF[ len – 2] == 0x0D && COMBUF[ len – 1] == 0x0A)
19      {
20        for(i = 0; i < len; i ++ )
21        {
22          buf[ i] = COMBUF[ i];
23        }
24        COMi = 0;
25        return len;
26      }
27    }
28    return 0;
29  }
```

8. 串口发送函数的用法

（1）初始化串口

形参：baud 是波特率，取值范围是波特率常量。

返回值：无。

void COM_Init(u8 baud)；

（2）串口发送1个字节

形参：buf 是待发送的字节。

返回值：无。

void COM_SendChar(u8 buf)；

（3）串口发送字符串

形参：buf 是字符串首地址，取值范围是数组名、字符串常量。

返回值：无。

void COM_SendString(u8 ∗ buf)；

（4）串口发送长度为 len 的数组 buf

形参：buf 是数组名。

返回值：无。

void COM_Sendarr(u8 ∗ buf, u8 len)；

（5）串口将8位无符号整数转成 N 进制的字符串，再发送出去

形参：dat 是8位无符号整数，由8个二进制位组成；

　　　N 是 N 进制，常用二进制、十六进制与十进制，也支持其他进制。

返回值：无。

void COM_Sendu8(u8 dat, u8 N)；

（6）串口将16位无符号整数转成 N 进制的字符串，再发送出去

形参：dat 是16位无符号整数，由16个二进制位组成；

　　　N 是 N 进制，常用二进制、十六进制与十进制，也支持其他进制。

返回值：无。

void COM_Sendu16(u16 dat, u16 N)；

（7）串口将32位无符号整数转成 N 进制的字符串，再发送出去

形参：dat 是32位无符号整数，由32个二进制位组成；

　　　N 是 N 进制，常用二进制、十六进制与十进制，也支持其他进制。

返回值：无。

void COM_Sendu32(u32 dat, u32 N)；

（8）串口将8位有符号整数转成十进制的字符串，再发送出去；对于负数会显示负号

形参：dat 是8位有符号整数，由8个二进制位组成。

返回值：无。

void COM_Sends8(s8 dat)；

（9）串口将16位有符号整数转成十进制的字符串，再发送出去；对于负数会显示负号

形参：dat 是16位有符号整数，由16个二进制位组成。

返回值：无。

void COM_Sends16(s16 dat)；

（10）串口将32位有符号整数转成十进制的字符串，再发送出去；对于负数会显示负号

形参：dat 是32位有符号整数，由32个二进制位组成。

返回值：无。

void COM_Sends32(s32 dat)；

（11）串口将浮点数转成十进制的"*n* 位小数部分"的字符串，再发送出去；对于负数会显示负号

形参：dat 是浮点数；

　　　　n 是小数部分的长度。

返回值：无。

void COM_Sendfloat(float dat, u8 n)；

（12）串口接收

形参：buf 是将接收的数据保存到此数组。

返回值：接收到的数量。

u8 COM_Getarr(u8 ∗ buf)；

9. 串口通信的程序设计

串口通信的程序流程图（图 2.7.5）与程序如下：

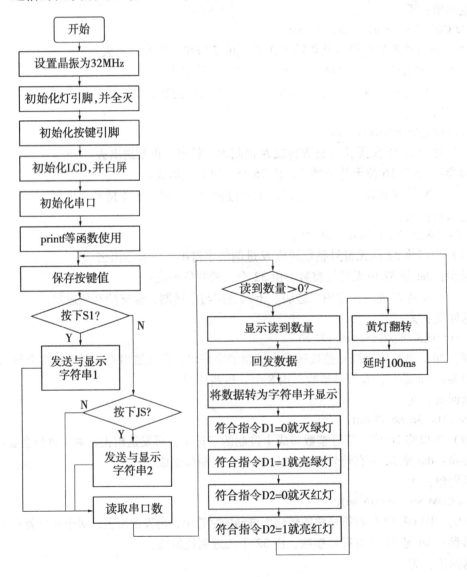

图 2.7.5　串口通信的程序流程图

```
01    #include "led. h"
02    #include "key. h"
03    #include "LCD_SPI. h"
04    #include "usart. h"
05    void main( void)
06    {
07        u8 t;
08        u8 buffer[11];
09        clockSetMainSrc('X', 32, 32);        //外部 32K, CPU 频率为 32MHz, 定时器频率为 32MHz
10        LED_Init();                          //初始化 LED 引脚
11        LED1G = 1;                           //LED1 绿灯灭
12        LED2R = 1;                           //LED2 红灯灭
13        LED3Y = 0;                           //LED3 黄灯灭
14        KEY_Init();                          //初始化 KEY 引脚
15        LCD_Init();                          //初始化液晶屏
16        LCD_Clear(0x00);                     //清屏为白底
17        COM_Init( BAUD_9600);                //初始化串口
18        printf(" \ r \ n 任务%. 1f % s V% d% c% X", 2. 7, "串口", 1, '.', 0); //任务 2.7　串口 V1.0
19        COM_SendString(" \ r \ n 157 = ");
20        COM_Sendu8(157, 2);                  //串口发送 8 位二进制的 157 = 10011101
21        COM_SendString(" \ r \ n 2680 = ");
22        COM_Sendu16(2680, 10);               //串口发送 5 位十进制的 2680 = 02680
23        COM_SendString(" \ r \ n 357910 = 0x");
24        COM_Sendu32(357910, 16);             //串口发送十六进制的 357910 = 00057616
25        COM_SendString(" \ r \ n  - 123 = ");
26        COM_Sends8((s8) - 123);              //串口发送 8 位有符号数 - 123 = - 123
27        COM_SendString(" \ r \ n  - 1468 = ");
28        COM_Sends16((s16) - 1468);           //串口发送 16 位有符号数 - 1468 = - 01468
29        COM_SendString(" \ r \ n  - 420869 = ");
30        COM_Sends32((s32) - 420869);         //串口发送 32 位有符号数 - 420869 = - 0000420869
31        COM_SendString(" \ r \ n  - 45. 6789 = ");
32        COM_Sendfloat( - 45. 6789, 3);       //串口发送"3 位小数"的浮点数 - 45. 6789 = - 045. 678
33        while(1)
34        {
35            t = KEY_scan();
36            switch( t)
37            {
38            case 1:
39                COM_SendChar( '\ r);                         //串口发送 1 个字节
40                COM_SendChar( '\ n);
41                COM_SendString("Zigbee COM");               //串口发送字符串
42                LCD_PutString(0, LCD_LINE1, "Zigbee COM", 0);  //显示字符串
43                break;
44            case 2:
```

```
45          printf(" \ r \ nCC2530 COM");                                //串口发送字符串
46          LCD_PutString(0, LCD_LINE1, "CC2530 COM", 0);  //显示字符串
47          break;
48        }
49        t = COM_Getarr( buffer);                    //读取串口数据, 必须以 0x0D 0x0A 结尾
50        if( t > 0)                                  //如果读到数量, 就表示已接收到数据
51        {
52          LCD_PutNumber(90, LCD_LINE1, t, 10, 4, 0);                    //显示已收到数量
53          COM_SendChar( '\ r);                                          //回发数据
54          COM_SendChar( '\ n);
55          COM_Sendarr( buffer, t);
56          buffer[ t] = 0;                                               //构造字符串
57          LCD_PutString(0, LCD_LINE2, "        ", 0);                   //擦除第二行
58          LCD_PutString(0, LCD_LINE2, buffer, 0);                      //显示字符串
59          //根据表 2.7.11 串口通信协议, 每条指令的长度均为 6
60          if( t ==6 && buffer[0] == 'D' && buffer[1] == '1' && buffer[2] == '=' && buffer[3] == '0')
61          {
62            LED1G = 1;                                          //D1 = 0 灭绿灯
63          }
64          if( t ==6 && buffer[0] == 'D' && buffer[1] == '1' && buffer[2] == '=' && buffer[3] == '1')
65          {
66            LED1G = 0;                                          //D1 = 1 亮绿灯
67          }
68          if( t ==6 && buffer[0] == 'D' && buffer[1] == '2' && buffer[2] == '=' && buffer[3] == '0')
69          {
70            LED2R = 1;                                          //D2 = 0 灭红灯
71          }
72          if( t ==6 && buffer[0] == 'D' && buffer[1] == '2' && buffer[2] == '=' && buffer[3] == '1')
73          {
74            LED2R = 0;                                          //D2 = 1 灭红灯
75          }
76        }
77        LED3Y = ! LED3Y;                                        //黄灯翻转
78        halMcuWaitMs( 100);                                     //延时 100ms
79      }
80    }
```

将程序烧录到 Zigbee 板。电脑的串口助手软件选择正确的串口号, 设置波特率为 9600、数据位为 8、停止位为 1、校验位为偶。复位 Zigbee 板, LCD 显示白屏, 串口助手软件显示串口数据, 如图 2.7.6 所示。

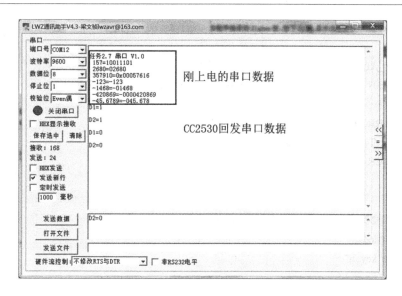

图 2.7.6 串口助手

根据表 2.7.11 串口通信协议，串口助手软件向 Zigbee 板发送 D1 = 1（打钩 "发送新行"），绿灯亮；向 Zigbee 板发送 D2 = 1（打钩 "发送新行"），红灯亮；向 Zigbee 板发送 D1 = 0（打钩 "发送新行"），绿灯灭；向 Zigbee 板发送 D2 = 0（打钩 "发送新行"），红灯灭，如图 2.7.6 所示。

表 2.7.11 串口通信协议

PC 发送数据（ASCII 码）	Zigbee 回复数据（ASCII 码）	功能
D1 = 1 \ r \ n	\ r \ n D1 = 1 \ r \ n	绿灯亮
D2 = 1 \ r \ n	\ r \ n D2 = 1 \ r \ n	红灯亮
D1 = 0 \ r \ n	\ r \ n D1 = 0 \ r \ n	绿灯灭
D2 = 0 \ r \ n	\ r \ n D2 = 0 \ r \ n	红灯灭

任务 2.8 带远程控制与昼夜检测的照明灯

一、学习目标

学习 CC2530 串口通信的用法。

二、功能要求

本任务的功能要求是基于任务 2.6 利用串口远程控制两路灯的亮灭。如果是夜晚，远程可以令红灯亮。如果是白天，远程也无法令红灯亮。

三、软件设计

1. 远程控制的程序设计

上一个任务已经可以远程控制两路灯，再增加昼夜检测就行，具体程序如下：

```
01  if( t ==6 && buffer[0] == 'D' && buffer[1] == '2' && buffer[2] == '=' && buffer[3] == '1')
02  {
03      v = get_ADC(4,7);              //光敏电阻
04      if( v >60)                     //判断昼夜,60x3.30/128 = 1.55V
05      {
06          LED2R = 0;                 //LED2 红灯亮
07          DelayT4_hms(0,0, tt, 0);   //延时 tt 秒
08          LED2R = 1;                 //LED2 红灯灭
09      }
10  }
```

2. 带远程控制与昼夜检测的照明灯的程序设计

```
01  #include "led.h"
02  #include "key.h"
03  #include "timer.h"
04  #include "adc.h"
05  #include "usart.h"
06  void main(void)
07  {
08      u8 t =0, tt =3;
09      u16 v =0;
10      u8 buffer[11];
11      clockSetMainSrc('X', 32, 32);  //外部 32K, CPU 频率为 32MHz, 定时器频率为 32MHz
12      LED_Init();                    //初始化 LED 引脚
13      LED1G = 1;                     //LED1 绿灯灭
14      LED2R = 1;                     //LED2 红灯灭
15      LED3Y = 0;                     //LED3 黄灯灭
16      KEY_Init();                    //初始化 KEY 引脚
17      COM_Init(BAUD_9600);           //初始化串口
18      while(1)
19      {
20          t = KEY_Lscan();
21          switch(t)
22          {
23          case 1:
24              LED1G = !LED1G;         //LED1 绿灯翻转电平
25              break;
26          case 2:
27              v = get_ADC(4,7);      //光敏电阻
28              if( v >60)             //判断昼夜,60x3.30/128 = 1.55V
29              {
30                  LED2R = 0;         //LED2 红灯亮
31                  DelayT4_hms(0,0, tt, 0);//延时 tt 秒
32                  LED2R = 1;         //LED2 红灯灭
33              }
```

```
34        break;
35      case 11:
36        if( tt > 1)  tt -= 1;              //大于 1s 可减 1s
37        break;
38      case 12:
39        if( tt < 60) tt += 1;             //小于 60s 可加 1s
40        break;
41      }
42      t = COM_Getarr( buffer);           //读取串口数据, 必须以 0x0D 0x0A 结尾
43      if( t > 0)                         //如果读到数量, 就表示已接收到数据
44      {
45      //根据表 2.8.1 串口通信协议, 每条指令的长度为 6
46    if( t ==6 && buffer[0] == 'D' && buffer[1] == '1' && buffer[2] == ' = ' && buffer[3] == '0')
47      {
48        LED1G = 1;
49      }
50    if( t ==6 && buffer[0] == 'D' && buffer[1] == '1' && buffer[2] == ' = ' && buffer[3] == '1')
51      {
52        LED1G = 0;
53      }
54    if( t ==6 && buffer[0] == 'D' && buffer[1] == '2' && buffer[2] == ' = ' && buffer[3] == '0')
55      {
56        LED2R = 1;
57      }
58    if( t ==6 && buffer[0] == 'D' && buffer[1] == '2' && buffer[2] == ' = ' && buffer[3] == '1')
59      {
60        v = get_ADC(4, 7);              //光敏电阻
61        if( v > 60)                     //判断昼夜, 60x3. 30/128 = 1. 55V
62        {
63          LED2R = 0;                    //LED2 红灯亮
64          DelayT4_hms(0, 0, tt, 0);//延时 tt 秒
65          LED2R = 1;                    //LED2 红灯灭
66        }
67      }
68      }
69      LED3Y = ! LED3Y;                  //黄灯翻转
70      DelayT4_ms(100);                  //延时 100ms
71    }
72  }
```

将程序烧录到 Zigbee 板。短按 S1 键, 绿灯翻转电平; 长按 S1 键, tt 减 1s; 长按 Joy-Stick, tt 加 1s。短按 JoyStick, 当光线较强时, 红灯亮 tt 秒就自动灭; 否则, 红灯不亮。

电脑的串口助手软件选择正确的串口号, 设置波特率为 9600、数据位为 8、停止位为 1、校验位为偶。

根据表 2.8.1 串口通信协议，串口助手软件向 Zigbee 板发送 D1 = 1（打钩"发送新行"），绿灯亮；向 Zigbee 板发送 D2 = 1（打钩"发送新行"），如果光线较强时，红灯亮 tt 秒就自动灭，否则，红灯不亮；向 Zigbee 板发送 D1 = 0（打钩"发送新行"），绿灯灭；向 Zigbee 板发送 D2 = 0（打钩"发送新行"），红灯灭。

表 2.8.1   串口通信协议

PC 发送数据（ASCII 码）	Zigbee 回复数据（ASCII 码）	功能
D1 = 1 \ r \ n	\ r \ n D1 = 1 \ r \ n	绿灯亮
D2 = 1 \ r \ n	\ r \ n D2 = 1 \ r \ n	如果光线较强时，红灯亮 tt 秒就自动灭，否则，红灯不亮
D1 = 0 \ r \ n	\ r \ n D1 = 0 \ r \ n	绿灯灭
D2 = 0 \ r \ n	\ r \ n D2 = 0 \ r \ n	红灯灭

完整程序请参看电子资源之源代码"任务 2.8"。

任务 2.9   无线照明灯

一、学习目标

（1）学习基于 basicRF 无线通信程序实现照明灯的方法。
（2）学习利用 FLASH 读写自身短地址、照明灯时间的方法。
（3）学习利用串口读写自身短地址、照明灯时间的方法。

二、功能要求

本任务的功能要求是基于任务 2.8 实现无线照明灯。

三、软件设计

1. 无线短地址的程序设计

任务 1.16 与任务 1.17 使用 C 语言常量作为无线短地址。为了让无线短地址能被修改，这里改成变量。而无线短地址是两个字节的整数类型，这里使用 u16 类型，具体程序如下：

```
01   static basicRfCfg_t basicRfConfig;
02   u16 my_addr = 2001;
03   basicRfConfig. myAddr = my_addr;
```

2. FLASH 读写自身短地址、照明灯时间的程序设计

从 FLASH 读取的数据就是短地址与照明灯时间吗？重新烧录程序后，保存时间的地址的内容被擦成 0xFF。这不是真正的短地址与照明灯时间。为了解决这个问题，增加一个校验字节 0xAA，用于判断读到的数据是否有效。具体程序如下：

```
01   u16 my_addr = 2001;
02   u8   tt = 3;
03   u8   ttf = 0;
```

```
04   u8 buffer[11];
05   HalFlash_init();                              //初始化 FLASH
06   HalFlashRead(126, 0, buffer, 4);             //读取序号为 126 的 page 的前 4 个字节
07   if(buffer[0] == 0xAA)                         //FLASH 中为有效数据
08   {
09       my_addr = BUILD_UINT16(buffer[2], buffer[1]);   //更新短地址
10       ttf = tt = buffer[3];                           //更新照明灯时间
11   }
12   if(ttf! = tt)          //如果这两个变量不相等,就表示有修改短地址或照明灯时间
13   {
14       buffer[0] = 0xAA;                        //有效数据的标志
15       buffer[1] = HI_UINT16(my_addr);          //短地址高 8 位
16       buffer[2] = LO_UINT16(my_addr);          //短地址低 8 位
17       buffer[3] = ttf = tt;                    //照明灯时间
18       HalFlashErase(126);                      //擦除序号为 126 的 page
19       HalFlashWritedata(126, 0, buffer, 4);    //往序号为 126 的 page 写 4 个字节
20       LCD_PutNumber( 0, LCD_LINE3, tt, 10, 3, 0);//显示照明灯时间
21   }
```

3. 串口读写自身短地址、照明灯时间的程序设计

根据表 2.9.1 串口通信协议,每条指令的长度均为 8,并且第 2 与第 3 字节用于区分各条指令。

表 2.9.1　串口通信协议

PC 发送数据（十六进制）	Zigbee 回复数据（十六进制）	功能
00 00 52 31 00 00 0D 0A	00 00 52 31 AH AL 0D 0A	读取本机短地址: AH 表示短地址高 8 位 AL 表示短地址低 8 位
00 00 52 32 00 00 0D 0A	00 00 52 32 00 TT 0D 0A	读取照明灯时间: TT 表示照明灯时间
00 00 55 31 AH AL 0D 0A	无	更新本机短地址: AH 表示短地址高 8 位 AL 表示短地址低 8 位
00 00 55 32 00 TT 0D 0A	无	更新照明灯时间: TT 表示照明灯时间
AH AL 44 31 3D 31 0D 0A	无	远程控制绿灯亮: AH 表示远程短地址高 8 位 AL 表示远程短地址低 8 位

PC 发送数据（十六进制）	Zigbee 回复数据（十六进制）	功能
AH AL 44 31 3D 30 0D 0A	无	远程控制绿灯灭： AH 表示远程短地址高 8 位 AL 表示远程短地址低 8 位
AH AL 44 32 3D 31 0D 0A	无	远程控制红灯亮： AH 表示远程短地址高 8 位 AL 表示远程短地址低 8 位
AH AL 44 32 3D 30 0D 0A	无	远程控制红灯灭： AH 表示远程短地址高 8 位 AL 表示远程短地址低 8 位

具体程序如下：

```
01    clockSetMainSrc('X', 32, 32);          //外部 32K, CPU 频率为 32MHz, 定时器频率为 32MHz
02    COM_Init( BAUD_9600);                   //初始化串口
03    rxlen = COM_Getarr( buffer);            //读取串口数据, 必须以 0x0D 0x0A 结尾
04    if( rxlen == 8)                         //如果读到数量, 就表示已接收到数据
05    {
06      v = BUILD_UINT16( buffer[1], buffer[0]);
07      if( v == 0x0000) {
08        if( buffer[2] == 'R' && buffer[3] == '1') {//0000 5231 AHAL 0D0A 读取本机短地址
09          buffer[4] = HI_UINT16( my_addr);
10          buffer[5] = LO_UINT16( my_addr);
11          COM_Sendarr( buffer, 8);
12        }else if( buffer[2] == 'R' && buffer[3] == '2') {//0000 5232 00TT 0D0A 读取本机时间
13          buffer[4] = 0x00;
14          buffer[5] = tt;
15          COM_Sendarr( buffer, 8);
16        }else if( buffer[2] == 'U' && buffer[3] == '1') {//0000 5531 AH AL 0D0A 更新短地址
17          my_addr = BUILD_UINT16( buffer[5], buffer[4]);    //更新短地址
18          ttf = tt - 1;                     //要求"保存新时间": 两个变量不相等就行
19        }else if( buffer[2] == 'U' && buffer[3] == '2') {//0000 5532  00 TT 0D0A 更新时间
20          tt = buffer[5];                                //更新时间
21          ttf = tt - 1;                     //要求"保存新时间": 两个变量不相等就行
22        }
23      }else if( v != my_addr) { //AH AL 44 XX 3D YY 0D 0A 远程控制灯
24        for( t = 2; t < rxlen; t ++)
25        {
26          pTxData[ t - 2] = buffer[t];
27        }
28        basicRfSendPacket( v, pTxData, APP_PAYLOAD_LENGTH); //无线发送数据
29        pTxData[ rxlen - 2] = 0;                           //构造字符串
```

```
30        LCD_PutNumber(0, LCD_LINE1, v, 10, 5, 0);     //显示目标短地址
31        LCD_PutString(0, LCD_LINE2, "    ", 0);        //擦除第二行
32        LCD_PutString(0, LCD_LINE2, pTxData, 0);       //显示发送数据
33     }
34  }
```

4. 无线接收处理红绿灯亮灭的程序设计

根据表 2.9.2 无线通信协议，处理红绿灯亮灭。

表 2.9.2　无线通信协议

无线发送数据（ASCII）	无线回复数据（ASCII）	功能
D1 = 0	无	绿灯灭
D1 = 1	无	绿灯亮
D2 = 0	无	红灯灭
D2 = 1	无	如果光线较暗就亮红灯 tt 秒

具体程序如下：

```
01  if(basicRfPacketIsReady())//如果有收到无线数据
02  {
03    rxlen = basicRfReceive(pRxData, APP_PAYLOAD_LENGTH, NULL);//读取无线数据
04    if(rxlen > 0)//rxlen 无线接收数据长度
05    {
06      if(pRxData[0] == 'D' && pRxData[1] == '1' && pRxData[2] == ' ' && pRxData[3] == '0')
07      {
08        LED1G = 1;//绿灯灭
09      }
10      if(pRxData[0] == 'D' && pRxData[1] == '1' && pRxData[2] == ' ' && pRxData[3] == '1')
11      {
12        LED1G = 0;//绿灯亮
13      }
14      if(pRxData[0] == 'D' && pRxData[1] == '2' && pRxData[2] == ' ' && pRxData[3] == '0')
15      {
16        LED2R = 1;//红灯灭
17      }
18      if(pRxData[0] == 'D' && pRxData[1] == '2' && pRxData[2] == ' ' && pRxData[3] == '1')
19      {
20        v = get_ADC(4, 7);              //读取 ADC 转换值
21        if(v > 60)                      //判断昼夜,60x3.30/128 = 1.55V
22        {
23          LED2R = 0;                    //LED2 红灯亮
24          DelayT4_hms(0, 0, tt, 0);     //延时 tt 秒
25          LED2R = 1;                    //LED2 红灯灭
26        }
27      }
```

```
28        }
29    }
```

5. 无线照明灯的程序设计

任务 1.16 与任务 1.17 的每个设备拥有独立的短地址。因此，每个设备有自己的程序。任务 1.16 分为 basicRF – 2001 与 basicRF – 2002 两套程序。任务 1.17 分为 basicRF – 2001E、basicRF – 2002S、basicRF – 2003W 与 basicRF – 2004N 四套程序。但是本任务的程序就不同了，允许用户修改短地址，因此，只需要一套程序与 PC 软件就行。利用 PC 软件修改程序，就能产生不同短地址的设备，具体程序如下：

```
01   #define RF_CHANNEL           16      //11 – 26
02   #define PAN_ID               2016    //0x0000 – 0xFFFE
03   #define APP_PAYLOAD_LENGTH    10
04   static uint8 pTxData[ APP_PAYLOAD_LENGTH];
05   static uint8 pRxData[ APP_PAYLOAD_LENGTH];
06   static basicRfCfg_t basicRfConfig;
07   // ============ 定义无线短地址与照明灯时间两个变量 开始 ============
08   u16 my_addr = 2001;                   //无线短地址
09   u8  tt = 3;                           //照明灯时间
10   u8  ttf = 0;
11   // ============ 定义无线短地址与照明灯时间两个变量 结束 ============
12   #ifdef SECURITY_CCM
13   static uint8 key[ ] = {
14     0xc0, 0xc1, 0xc2, 0xc3, 0xc4, 0xc5, 0xc6, 0xc7,
15     0xc8, 0xc9, 0xca, 0xcb, 0xcc, 0xcd, 0xce, 0xcf,
16   };
17   #endif
18   void main( void)
19   {
20     u8 t = 0;
21     u16 v = 0;
22     u8 buffer[11];
23     u8 rxlen = 0;
24     clockSetMainSrc('X', 32, 32);       //外部 32K, CPU 频率为 32MHz, 定时器频率为 32MHz
25     LED_Init();                         //初始化 LED 引脚
26     LED1G = 1;                          //LED1 绿灯灭
27     LED2R = 1;                          //LED2 红灯灭
28     LED3Y = 0;                          //LED3 黄灯灭
29     KEY_Init();                         //初始化 KEY 引脚
30     // ============ 初始化 FLASH, 并读取短地址与照明灯时间 开始 ============
31     HalFlash_init();                    //初始化 FLASH
32     HalFlashRead(126, 0, buffer, 4);    //读取序号为 126 的 page 的前 4 个字节
33     if( buffer[0] == 0xAA)              //如果 FLASH 中为有效数据
34     {
35        my_addr = BUILD_UINT16( buffer[2], buffer[1]);//更新短地址
```

```
36        ttf = tt = buffer[3];              //更新照明灯时间
37    }
38    // =========== 初始化 FLASH,并读取短地址与照明灯时间 结束 ===========
39    LCD_Init();                        //初始化液晶屏
40    LCD_Clear(0x00);                                   //清屏为白底
41    LCD_PutNumber( 0, LCD_LINE4, my_addr, 10, 5, 0);   //显示无线地址
42    LCD_PutNumber(50, LCD_LINE4, RF_CHANNEL, 10, 3, 0);
43    LCD_PutNumber(80, LCD_LINE4, PAN_ID, 10, 5, 0);
44    LCD_PutNumber( 0, LCD_LINE3, tt, 10, 3, 0);
45    COM_Init( BAUD_9600);                              //初始化串口
46    halIntOn();                                        //开启全部中断
47    // =========== 初始化无线短地址 开始 ===========
48    basicRfConfig. panId  = PAN_ID;                    //配置无线通信
49    basicRfConfig. channel  = RF_CHANNEL;
50    basicRfConfig. ackRequest  = TRUE;
51  #ifdef SECURITY_CCM
52    basicRfConfig. securityKey  = key;
53  #endif
54    basicRfConfig. myAddr  = my_addr;                  //无线短地址
55    basicRfInit( &basicRfConfig);                      //初始化无线通信
56    // =========== 初始化无线短地址 结束 ===========
57    basicRfReceiveOn();                                //允许无线通信接收
58    while(1)
59    {
60        // =========== 处理无线接收 开始 ===========
61        if( basicRfPacketIsReady())
62        {
63        rxlen = basicRfReceive( pRxData,  APP_PAYLOAD_LENGTH,  NULL);//读取无线数据
64        if( rxlen > 0)//rxlen 无线接收数据长度
65        {
66  if( pRxData[0] == 'D' && pRxData[1] == '1' && pRxData[2] == ' = ' && pRxData[3] == '0')
67            {
68                LED1G = 1;          //绿灯灭: 无线协议: D1 = 0
69            }
70  if( pRxData[0] == 'D' && pRxData[1] == '1' && pRxData[2] == ' = ' && pRxData[3] == '1')
71            {
72                LED1G = 0;          //绿灯亮: 无线协议: D1 = 1
73            }
74  if( pRxData[0] == 'D' && pRxData[1] == '2' && pRxData[2] == ' = ' && pRxData[3] == '0')
75            {
76                LED2R = 1;          //红灯灭: 无线协议: D2 = 0
77            }
78  if( pRxData[0] == 'D' && pRxData[1] == '2' && pRxData[2] == ' = ' && pRxData[3] == '1')
79            {
```

```
80          v = get_ADC(4, 7);              //读取 ADC 转换值
81          if(v > 60)                      //判断昼夜, 60x3.30/128 = 1.55V
82            {
83              LED2R = 0;                   //LED2 红灯亮: 无线协议: D2 = 1
84              DelayT4_hms(0, 0, tt, 0);    //延时 tt 秒
85              LED2R = 1;                   //LED2 红灯灭
86            }
87          }
88        }
89      }
90      // =========== 处理无线接收 结束 ===========
91      // =========== 处理按键 开始 ===========
92      t = KEY_Lscan();//处理按键
93      switch(t)
94      {
95      case 1:
96          LED1G = !LED1G;                  //LED1 绿灯翻转电平
97          break;
98      case 2:
99          v = get_ADC(4, 7);              //读取 ADC 转换值
100         if(v > 60)                      //判断昼夜, 60x3.30/128 = 1.55V
101           {
102             LED2R = 0;                   //LED2 红灯亮
103             DelayT4_hms(0, 0, tt, 0);    //延时 tt 秒
104             LED2R = 1;                   //LED2 红灯灭
105           }
106         break;
107     case 11:
108         if(tt > 1)  tt -= 1;            //大于 1s 可减 1s
109         break;
110     case 12:
111         if(tt < 60) tt += 1;            //小于 60s 可加 1s
112         break;
113     }
114     // =========== 处理按键 结束 ===========

115     // =========== 处理串口数据 开始 ===========
116     rxlen = COM_Getarr(buffer);         //读取串口数据, 必须以 0x0D 0x0A 结尾
117     if(rxlen == 8)                      //如果读到数量, 就表示已接收到数据
118     {
119         v = BUILD_UINT16(buffer[1], buffer[0]);
120         if(v == 0x0000) {
121           if(buffer[2] == 'R' && buffer[3] == '1'){//00 00 R 1 AH AL 0D 0A 读取本机短地址
122               buffer[4] = HI_UINT16(my_addr);
```

```
123              buffer[5] = LO_UINT16(my_addr);
124              COM_Sendarr(buffer, 8);
125      }else if(buffer[2] == 'R' && buffer[3] == '2'){//00 00 R 200TT0D0A 读取本机时间
126              buffer[4] = 0x00;
127              buffer[5] = tt;
128              COM_Sendarr(buffer, 8);
129      }else if(buffer[2] == 'U' && buffer[3] == '1'){//00 00 U 1 AH AL0D0A 更新短地址
130              my_addr = BUILD_UINT16(buffer[5], buffer[4]);//更新短地址
131              ttf = tt - 1;//要求"保存新时间"
132      }else if(buffer[2] == 'U' && buffer[3] == '2'){//00 00 U 2 00 TT 0D 0A 更新时间
133              tt = buffer[5];//更新时间
134              ttf = tt - 1;//要求"保存新时间"
135          }
136        }else if(v! = my_addr){          //AH AL D  1  =  1  OD 0A 远程控制灯
137          for(t = 2; t < rxlen; t ++)
138          {
139              pTxData[t - 2] = buffer[t];
140          }
141          basicRfSendPacket(v, pTxData, APP_PAYLOAD_LENGTH);   //无线发送数据
142          pTxData[rxlen - 2] = 0;                              //构造字符串
143          LCD_PutNumber(0, LCD_LINE1, v, 10, 5, 0);            //显示目标短地址
144          LCD_PutString(0, LCD_LINE2, " ", 0);                //擦除第二行
145          LCD_PutString(0, LCD_LINE2, pTxData, 0);            //显示发送数据
146        }
147      }
148      // =========== 处理串口数据 结束 ===========
149      // =========== 保存无线短地址与照明灯时间 开始 ===========
150      if(ttf! = tt) //保存新时间
151      {
152        buffer[0] = 0xAA;                                     //FLASH 有效数据的标志
153        buffer[1] = HI_UINT16(my_addr);                      //无线短地址的高 8 位
154        buffer[2] = LO_UINT16(my_addr);                      //无线短地址的低 8 位
155        buffer[3] = ttf = tt;                                //照明灯时间
156        HalFlashErase(126);                                  //擦除序号为 126 的 page
157        HalFlashWritedata(126, 0, buffer, 4);                //往序号为 126 的 page 写 4 个字节
158        LCD_PutNumber( 0, LCD_LINE3, tt, 10, 3, 0);          //显示照明灯时间
159      }
160      // =========== 保存无线短地址与照明灯时间 结束 ===========
161      LED3Y = ! LED3Y;                    //黄灯翻转
162      DelayT4_ms(100);                    //延时 100ms
163    }
164  }
```

将程序烧录到 Zigbee 板。打开 PC 软件，选择正确的串口号，设置波特率为 9600、数据位为 8、停止位为 1、校验位为偶。利用软件修改短地址，产生不同短地址的设备。利用软

件修改照明灯时间，令红灯亮不同时间再熄灭。填写远程短地址，再利用软件远程控制红绿灯，如图 2.9.1 所示。

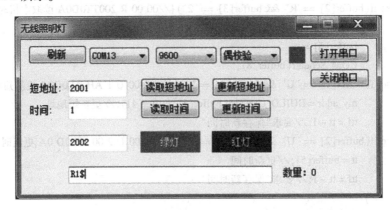

图 2.9.1　PC 软件

完整程序请参看电子资源之源代码"任务 2.9"。

项目 3 红外遥控收发系统

学习目标	1. 掌握红外遥控收发器软件应用的技能	工具软件应用
	2. 学习 CC2530 的红外遥控发射电路的设计	硬件电路设计
	3. 学习 CC2530 的红外遥控接收电路的设计	
	4. 学习 CC2530 的方向键电路的设计	
	5. 学习 CC2530 的定时器输入捕捉的用法	软件程序设计
	6. 学习利用 CC2530 的定时器输入捕捉解出红外码的用法	
	7. 学习利用 CC2530 串口与 FLASH 读写红外码并控制灯亮灭的用法	
	8. 学习利用 CC2530 的模数转换识别方向键的用法	
	9. 学习利用 CC2530 的三总线从字库芯片读取中英文的点阵数据的方法	
	10. 学习 CC2530 的定时器向上与向下模式的用法	
	11. 学习利用 CC2530 的定时器向上与向下模式实现红外发射的用法	
	12. 学习 CC2530 的 FLASH 擦除、读取与写入数据的用法	
	13. 学习利用 CC2530 开发红外遥控收发系统	项目综合应用

一、项目功能需求分析

客户对红外遥控收发系统的具体要求如下：
（1）红外遥控发射器能够利用按键发送多个红外遥控键。
（2）红外遥控接收器能够解出多个红外遥控键。
（3）红外遥控发射器与接收器能够利用 FLASH 修改红外遥控键的红外码。
（4）利用软件修改红外遥控接收器的红外码、远程控制红外遥控发射器发送红外码。

二、项目系统结构设计

为了满足客户的需求，红外遥控收发板需要 1 路 JoyStick 方向键、1 块字库芯片、1 块液晶屏、1 路红外发射二极管、1 路红外遥控一体化接收头以及 1 个 USB 转串口电路，如图 3.0.1 所示。

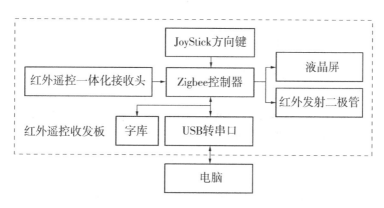

图 3.0.1 红外遥控收发板的结构图

红外遥控发射器：Zigbee 控制器根据方向键选择红外遥控键与发射红外码；能够利用 USB 转串口修改红外遥控键的红外码，并保存到 FLASH 中；能够接收无线指令实现发射红外码。

红外遥控接收器：Zigbee 控制器利用红外遥控一体化接收头解出红外码，并与已存红外码相比较，识别其红外遥控键功能；能够利用 USB 转串口修改红外遥控键的红外码，并保存到 FLASH 中。

三、项目硬件设计

项目硬件设计需要满足项目系统结构的功能要求，分为红外发射二极管电路、红外遥控一体化接收头电路、字库、液晶屏、JoyStick 方向键电路、USB 转串口电路、最小系统、电源电路、复位电路与仿真接口电路共九个部分，其中有六个部分已经讲过，详情请查看前两个项目。

1. 红外发射二极管电路设计

红外发射二极管属于一种能发红外线的二极管（LED），其光不能被眼睛直接识别，但可以用手机摄像头识别。红外发射二极管的发射功率越大，发射距离越远。因此，不能像图 1.0.5 使用 I/O 引脚直接驱动发光二极管，而是需使用三极管来驱动。S8050 三极管最大可以驱动 500mA 电流，而 CC2530 的 I/O 引脚最多只能驱动 20mA。可见，两者的驱动能力相差很大。常见的大功率设备有蜂鸣器、继电器、直流电机等。这些大功率设备均可以用三极管进行驱动。

使用 NPN 三极管驱动设备时，发射极 e 常接地，负载连接集电极 c，单片机的 I/O 引脚经过限流电阻连接基极 b，如图 3.0.2 所示。从图可知，减少 R35 的电阻，能够提高红外发射二极管 IR1 的发射功率。

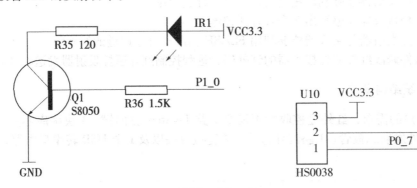

图 3.0.2　红外发射二极管电路　　　图 3.0.3　红外遥控一体化接收头电路

2. 红外遥控一体化接收头电路设计

红外遥控一体化接收头（图 3.0.3）只有三个引脚，其中两个引脚是电源，可以连接 3.3～5.0V 电压，最后一个引脚是解码电平输出引脚，直接连接单片机的 I/O 引脚。该接收头的解码频率是 38kHz。因此，要求红外发射二极管电路也工作于 38kHz 频率。当该接收头接收到 38kHz 的红外线就输出低电平，否则，输出高电平。

3. JoyStick 方向键电路设计

JoyStick 方向键基于项目 1 的第二路按键。当时把 S2 ～ S6 键看作同一个按键使用。而这里要将它们识别成中、右、左、下与上共五个按键。JoyStick 方向键的工作原理是按下不同的按键时 P 0.6 引脚采集到不同的电压值,如图 3.0.4 所示。

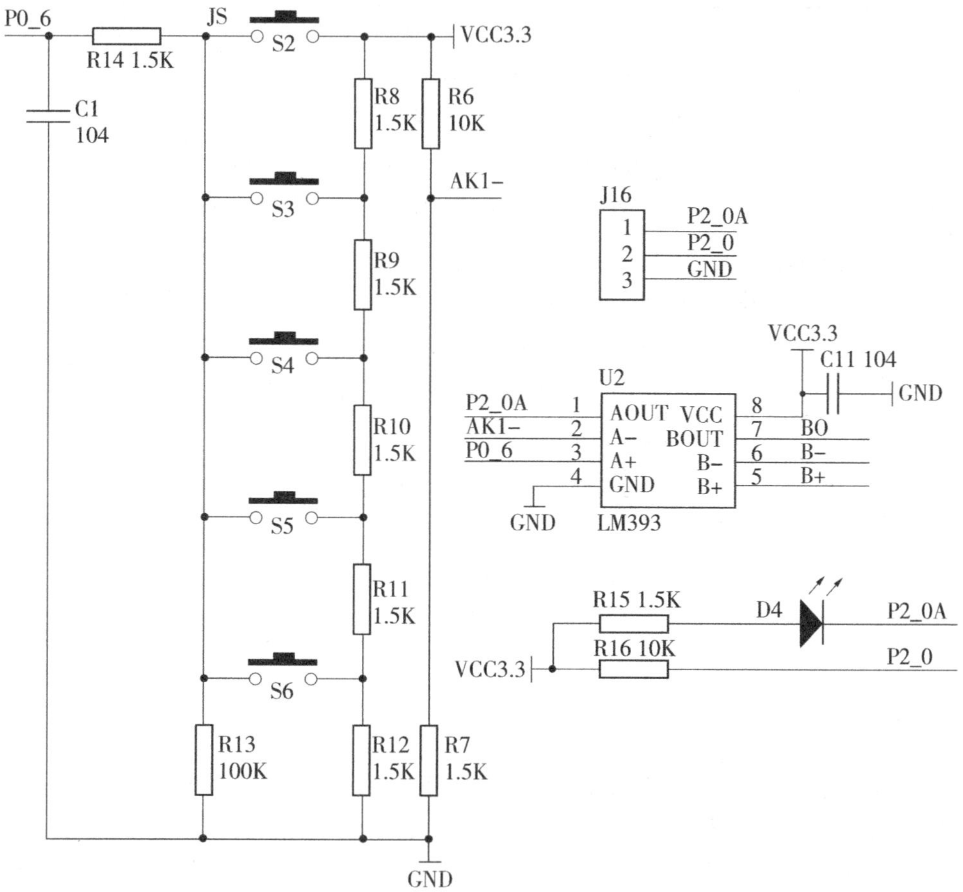

图 3.0.4　方向键电路

当 S2 ～ S6 键被按下时,P 0.6 采集到的电压值如表 3.0.1 所示。

表 3.0.1　JoyStick 方向键的电压值

键名称	P 0.6 采集的电压值 (V)	键名称	P 0.6 采集的电压值 (V)
S2	3.3 × 5 / 5 = 3.30	S5	3.3 × 2 / 5 = 1.32
S3	3.3 × 4 / 5 = 2.64	S6	3.3 × 1 / 5 = 0.66
S4	3.3 × 3 / 5 = 1.98		

四、项目软件设计

为了实现项目功能需求分析的四个功能要求,设计了 7 个任务,从易到难,从简到繁,逐步完善红外遥控收发系统,如表 3.0.2 所示。项目需要用到 CC2530 的三总线、模数转换、定时器输入捕捉、自由运行模式、向上与向下模式等知识点与技能。现为每个知识点设立一个任务来单独学习,再设立一个任务讲述如何将知识点应用于红外遥控收发系统,有利于学习的迁移。

表 3.0.2　红外遥控收发系统的任务表

序号	任务名称	任务内容	知识点与技能
1	逻辑分析仪	利用 CC2530 捕捉红外一体化接收头输出的方波，并利用串口输出方波信息	定时器输入捕捉
2	红外遥控接收器	利用红外一体化接收头解出 NEC 红外码并显示到液晶屏中，并利用遥控器控制红绿灯的亮灭	定时器输入捕捉
3	带远程修改红外码的红外遥控接收器	基于任务 3.2 实现远程读写红外遥控码，并利用 FLASH 保存起来	定时器输入捕捉、FLASH 与串口
4	方向键	利用 AIN6 读取按键的 ADC 转换值，并显示到液晶屏上，再利用 ADC 转换值识别方向键	模数转换
5	中文字库	与任务 3.4 一样	三总线
6	红外遥控发射器	用方向键选择红外遥控按键名称，并显示到液晶屏上，再发出一次红外键码	定时器的向上与向下模式以及溢出中断
7	带远程修改红外码的红外遥控发射器	利用串口向红外遥控发射器发送一个红外码，显示在液晶屏，并发射出去	串口通信、定时器溢出中断

五、项目调试与测试

准备两块 Zigbee 板。一块烧录任务 3.3 的红外遥控接收器程序，另一块烧录任务 3.7 的红外遥控发射器程序。打开 PC 软件（图 3.7.1），选择红外遥控接收器板对应的串口号，设置波特率为 9600、校验位为偶。利用"读取"与"发送"按键读写红灯的红外码。打开 PC 软件，选择红外遥控发射器板对应的串口号，设备波特率为 9600、校验位为偶。在红外遥控发射器右边的下拉列表选择控制指令，点击右边的"发送"按钮，借助红外遥控发射器就能控制红外遥控接收器的红灯。

六、项目总结

1. 红外遥控收发系统的总结

开展一个项目，需要完成功能需求分析、系统结构、硬件、软件与调试五大部分。分析客户的功能需求，设计出一个适合的系统结构，从硬件与软件两方面实现全部功能，最后经过软硬件联调，检验硬件与软件是否存在设计上的缺陷。如果存在硬件或软件上的缺陷，就需要逐一排除，查找问题所在，再解决问题。这样才能将项目成果交给客户。

本项目拆分为 7 个任务来完成红外遥控收发系统。

2. 技术总结

借助红外遥控收发系统，本项目学习了三方面的内容：

（1）关于工具软件，学习了红外遥控收发器软件的应用。

（2）关于硬件电路设计，学习了 CC2530 红外遥控发射电路、红外遥控接收电路与 Joy-Stick 方向键电路的设计。

（3）关于软件程序编写，学习了红外遥控发射、红外遥控接收与方向键等硬件电路的程序编写方法；学习了 CC2530 的 I/O 输出、I/O 输入、三总线、模数转换、定时器输入捕捉、自由运行模式、向上与向下模式的程序编写方法。

学习 CC2530 还需要多实操，从实操中学习知识与技能，再利用知识与技能指导实操，提高实操的成功率。

任务 3.1　逻辑分析仪

一、学习目标

（1）学习利用 CC2530 定时器输入捕捉的用法。

（2）学习利用 CC2530 定时器输入捕捉红外一体化接收头输出的方波的方法。

（3）学习利用 CC2530 串口输出方波信息的方法。

（4）学习计算捕捉时间值。

（5）学习启动与停止定时器。

二、功能要求

本任务的功能要求是利用 CC2530 捕捉红外一体化接收头输出的方波，并利用串口输出方波信息。

三、电路工作原理

逻辑分析仪是一种用于捕捉一段时间内外部方波波形的工具。它与示波器的区别是：示波器显示周期性信号，逻辑分析仪显示一段时间内的方波信号。**定时器输入捕捉是一种用于捕捉一段时间内外部方波时间的工具。方波由电平值与时间两部分组成，其中电平值由 I/O 输入读取、时间由输入捕捉读取。**读到电平值与时间，就能重新绘制方波。CC2530 的 3 个**定时器 T1、T3 与 T4 均具有输入捕捉功能，其具体捕捉要靠各通道引脚来实现。定时器 T1 有五个通道引脚，定时器 T3 与 T4 具有两个通道引脚，**如表 3.1.1 所示。

表 3.1.1　定时器各通道引脚

定时器		通道 CH4	通道 CH3	通道 CH2	通道 CH1	通道 CH0
T1	Alt. 1	P0.6	P0.5	P0.4	P0.3	P0.2
	Alt. 2	P0.6	P0.7	P1.0	P1.1	P1.2
T3	Alt. 1	—	—	—	P1.4	P1.3
	Alt. 2	—	—	—	P1.7	P1.6
T4	Alt. 1	—	—	—	P1.1	P1.0
	Alt. 2	—	—	—	P2.3	P2.0

根据红外一体化接收头电路（图 3.0.3），其输出引脚连接 P0.7 引脚。根据液晶屏电路（图 1.0.7），还涉及 P1.2、P0.0、P1.5、P1.6 引脚。整理成 I/O 分配表能更直观掌握电路的控制方法，如表 3.1.2 所示。

表 3.1.2　I/O 分配表

I/O 引脚	功能	设备	高电平	低电平
P0.7	T1CH3 输入捕捉	红外一体化接收头	—	—
P1.2	I/O 输出	LCD 的 CS	停止 SPI 通信	与 LCD 进行 SPI 通信
P0.0	I/O 输出	LCD 的 RS	向 LCD 传输数据	向 LCD 传输指令
P1.5	SCK	LCD 的 SCK	—	—
P1.6	MOSI	LCD 的 SDA	—	—

四、软件设计

1. 定时器输入捕捉的寄存器程序设计

正确设置 CC2530 的 T1CTL、T1STAT、T1CCTL2、T1CC2H 与 T1CC2L 五个寄存器，才能令定时器 T1 通道 3 正常工作于输入捕捉，具体如表 3.1.3 ～表 3.1.7 所示。关于 T1CCTL3、T1CC3H 与 T1CC3L 三个寄存器，定时器 T1 其他通道的三个寄存器（T1CCTLx、T1CCxH 与 T1CCxL，其中 x 取值范围为 0 ～4）的用法一样。

表 3.1.3　控制寄存器 T1CTL

二进制位	复位后默认值	备注
7:4	0000	未使用
3:2	00	分频因子： 00：1 分频　　　　　　　10：32 分频 01：8 分频　　　　　　　11：128 分频
1:0	00	工作模式： 00：停止定时器　　　　　10：模模式 01：自由运行模式　　　　11：向上与向下模式

表 3.1.4　状态寄存器 T1STAT

二进制位	复位后默认值	备注	二进制位	复位后默认值	备注
7:6	00	未使用	2	0	通道 2 中断
5	0	溢出中断	1	0	通道 1 中断
4	0	通道 4 中断	0	0	通道 0 中断
3	0	通道 3 中断			

表 3.1.5 捕捉/比较的控制寄存器 (通道 3) T1CCTL3

二进制位	复位后默认值	备注
7	0	捕捉方式: 0: 常规捕捉输入　　　　　　　　　　　　1: 使用 RF 捕捉
6	1	通道 3 的中断位: 0: 关闭中断　　　　　　　　　　　　　　1: 启动中断
5: 3	000	通道 3 的比较输出模式: 000: 计数到比较值时输出高电平 001: 计数到比较值时输出低电平 010: 计数到比较值时翻转电平 011: 大于比较值时输出高电平, 计数到 0x00 时输出低电平 100: 大于比较值时输出低电平, 计数到 0x00 时输出高电平 101: 计数到比较值时输出高电平, 计数到 0xFF 时输出低电平 110: 计数到比较值时输出低电平, 计数到 0xFF 时输出高电平 111: 初始化输出引脚
2	0	模式选择: 0: 捕捉输入模式　　1: 比较输出模式
1: 0	00	捕捉输入模式: 00: 关闭捕捉　　　　　　　　　　　　　　10: 下降沿 01: 上升沿　　　　　　　　　　　　　　　11: 上升沿与下降沿

表 3.1.6 捕捉/比较的计数高 8 位寄存器 (通道 3) T1CC3H

二进制位	复位后默认值	备注
7: 0	0x00	捕捉/比较的计数值高 8 位

表 3.1.7 捕捉/比较的计数低 8 位寄存器 (通道 3) T1CC3L

二进制位	复位后默认值	备注
7: 0	0x00	捕捉/比较的计数值低 8 位

2. 定时器工作原理

定时器的工作原理在任务 2.3 中已详细讲解。这里使用自由运行模式, 与模模式有一些区别。

(1) 自由运行模式的工作过程

自由运行模式的工作过程是定时器的计数值从 0 开始计数, 每隔定时周期时间 T 就增加 1, 直到 65535 (即 0xFFFF)。再经过一个定时周期时间 T, 计数值再加 1, 计数值从 65535 变成 0。此时定时器溢出中断, 如图 3.1.1 所示。

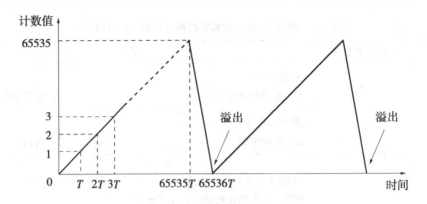

图 3.1.1 自由运行模式的工作过程图

（2）自由运行模式的计数量

由图 3.1.1 可知，自由运行模式运行一个周期的**计数量固定为 65 536**。

（3）定时器的定时周期 T

定时器的定时周期由定时器输入频率与分频比决定，其计算公式为

$$\text{定时周期 } T = \text{分频比/定时器输入频率} \tag{3.1-1}$$

定时器输入频率由任务 1.7 表 1.7.1 的 CLKCONCMD 寄存器第 3～5 位二进制位决定。分频比由定时器 T1CTL 的第 2～3 位二进制位决定。

（4）自由运行模式的定时时间

定时器的自由运行模式的定时时间计算公式为

$$\text{定时时间} = \text{计数量} \times \text{定时周期} = 65\ 536 \times \text{分频比/定时器输入频率} \tag{3.1-2}$$

（5）定时器输入捕捉时间

$$\text{最大捕捉时间} = \text{定时时间} \tag{3.1-3}$$

（6）自由运行模式与模模式的区别

根据式（2.3-4）可知，模模式的定时时间由比较值、分频比与定时器输入频率共同决定，可以在一个连续的时间段取值。而根据式（3.1-2）可知，自由运行模式的定时时间由分频比与定时器输入频率共同决定，只能取数个时间值。因此，任务 2.3 利用定时器实现延时函数，使用模模式比自由运行模式更适合。

例如，已知定时器输入频率为 32MHz，分频比使用 32，最大捕捉时间为

定时时间 = 65 536 × 32/32 000 000 = 65 536 μs = 655.36 ms

对于 NEC 红外遥控协议，最大时间为 9ms。因此，使用自由运行模式足可以捕捉整个红外遥控波形图。

表3.1.8 外设优先级控制寄存器 P2DIR

二进制位	复位后默认值	备注
7：6	00	外设优先级： 00： 第1优先级：串行0（包括串口0与三总线0） 第2优先级：串行1（包括串口1与三总线1） 第3优先级：定时器1 01： 第1优先级：串行1（包括串口1与三总线1） 第2优先级：串行0（包括串口0与三总线0） 第3优先级：定时器1 10： 第1优先级：定时器1通道0-1 第2优先级：串行1（包括串口1与三总线1） 第3优先级：串行0（包括串口0与三总线0） 第4优先级：定时器1通道2-3 11： 第1优先级：定时器1通道2-3 第2优先级：串行0（包括串口0与三总线0） 第3优先级：串行1（包括串口1与三总线1） 第4优先级：定时器1通道0-1
5	0	未使用
4：0	0 0000	P2.0～P2.4 的 I/O 方向： 0：输入　　　　　1：输出

3. I/O 引脚的寄存器程序设计

正确设置 CC2530 的 PxSEL、PxDIR、PxINP 与 PERCFG 寄存器，才能使 I/O 工作于定时器输入捕捉。根据表1.6.2、表1.6.3、表1.6.4以及表1.12.3，P0.7 引脚对应定时器1的 Alt.2，具体程序如下：

```
01  P 0SEL |= 0x80;       //外设引脚:P 0.7, Tim1 CH3
02  P 0DIR &= ~0x80;      //输入
03  P 0INP |= 0x80;       //浮空输入
04  PERCFG& |= ~0x40;     //Tim1 Alt. 2
```

4. 外设优先级的寄存器程序设计

外设是指外部中断、模数转换、三总线、串口以及定时器通道，均使用指定引脚来实现外设功能。当同时使用多个外设时，就可能造成引脚冲突。

以 P 0.4 与 P 0.5 引脚为例，它们的外设功能如表3.1.9所示。这两个引脚用于串口0（Alt.1）硬件流通信。再启用定时器1通道3（Alt.1），P0.5 引脚既是 RT 硬件流，又是定时器1通道3，就会造成引脚冲突。

例1 要求 P 0.4 与 P 0.5 用于串口0（Alt.1）硬件流通信，就需要设置 P2DIR 寄存器第6～7位为00。因为"第1优先级串口0"高于"第3优先级的定时器1"。

P2DIR &= ~ 0xC0;

例 2 要求 P0.4 与 P0.5 分别用于定时器 1 通道 2 和 3 （Alt.1），就需要设置 P2DIR 寄存器第 6～7 位为 11。因为"第 1 优先级定时器 1 通道 2～3"高于"第 2 优先级串口 0"。

P2DIR |= 0xC0;

表 3.1.9　P0.4 与 P0.5 引脚的外设功能

引脚	三总线 0 Alt.1	串口 0 Alt.1	三总线 1 Alt.1	串口 1 Alt.1	T1 Alt.1
P0.4	CS	CT 硬件流	MOSI	TXD	通道 CH2
P0.5	SCK	RT 硬件流	MISO	RXD	通道 CH3

总结：

为了解决上述的引脚冲突问题，最好给项目编写 I/O 分配表。让引脚不会出现冲突问题。 例如，项目既使用串口 0（Alt.1）通信，又使用定时器 1 通道 3（Alt.1）。只需要关闭串口 0 的硬件流功能，就能达到两全其美的效果。

5. 初始化定时器 1 为输入捕捉的程序设计

为了令定时器的计数量更直观地表示捕捉时间，这里令定时周期 $T = 1\mu s$。如果计数量为 560，就表示捕捉时间为 $560\mu s$。如果计数量为 9000，就表示捕捉时间为 $9000\mu s$。

为了令定时周期 $T = 1\mu s$，设置定时器输入频率为 32MHz，分频比使用 32，上升沿与下降沿输入捕捉，具体程序如下：

```
01    void T1Cap_Init( void)
02    {
03        P0SEL |= 0x80;            //外设引脚: P0.7, CH3
04        P0DIR &= ~0x80;          //输入
05        P0INP |= 0x80;           //浮空输入
06        PERCFG |= 0x40;          //Tim1 Alt.2
07        P2DIR |= 0xC0;           //Tim1 CH2 - 3 优化于 USART0 CT - RT
08        T1CTL &= ~0x0F;
09        T1CTL |= (2 << 2);       //32 分频
10        T1CCTL3 &= ~0x04;        //Capture 模式
11        T1CCTL3 |= 0x03;         //双边沿触发
12        T1CCTL3 |= 0x40;         //开 CH3 中断
13        T1CTL  |= 0x01;          //启动定时器, 自由模式
14        T1STAT = 0;              //清除全部中断标志位
15        T1IE = 1;                //开 T1 定时器中断
16        EA = 1;                  //打开全部中断
17    }
```

6. 启动与停止定时器的程序设计

（1）启动定时器的程序

```
T1CTL |= m;          //m 取值范围 1～3, 设置为非停止的工作模式就是启动定时器
```

（2）停止定时器的程序

```
T1CTL &= ~0x03;
```

7. 打开与关闭定时器中断的程序设计

（1）打开定时器中断的程序

T1IE = 1;

（2）关闭定时器中断的程序

T1IE = 0;

8. 定时器 1 中断服务函数的程序设计

（1）判断通道 3 是否发生中断

由状态寄存器 T1STAT 判断是否发生中断。根据表 3.1.4，如果第 3 位二进制位为 1，就表示发生中断。先保留第 3 位二进制位、其他二进制位为 0，适合使用与运算。判断是否发生中断的条件表达式为 （T1STAT & 0x08）！= 0

（2）读取捕捉时间，并令下一次捕捉时间从 0 开始

```
01   u16 rt = T1CC3H;          //捕捉时间高 8 位
02   rt << = 8;
03   rt |= T1CC3L;             //捕捉时间低 8 位
04   T1CNTL = 0x00;            //捕捉时间从 0 开始
```

（3）定义全局变量用于保存捕捉时间、捕捉电平、捕捉次数

```
01   #define T1CAp_DQ_IN        P0_7      //捕捉引脚
02   #define RT_LEN             300       //缓冲区大小
03   u16 rt;
04   u16 rt_arr[RT_LEN];                  //时间
05   u8   rti_arr[RT_LEN];                //电平
06   u16 rt_len = 0;                      //次数
07   #pragma vector = T1_VECTOR           //中断号为 T1 中断
08   __interrupt void T1_ISR(void)        //定时器 T1 中断处理函数
09   {
10     if((T1STAT & 0x08)！= 0)//CH3IF: 如果通道 3 的中断标志位为 1 就表示发生中断
11     {
12       rt = T1CC3H;                      //保存高 8 位时间
13       rt << = 8;                        //将高 8 位时间左移 8 位
14       rt |= T1CC3L;                     //再加上低 8 位时间
15       T1CNTL = 0x00;                    //从 0 重新开始计时
16       rt_arr[rt_len] = rt;              //时间
17       rti_arr[rt_len] = !T1CAp_DQ_IN;   //电平 = 引脚电平取反
18       if(rt_len <(RT_LEN – 1))rt_len ++ ;  //捕捉次数加 1，并防止超出缓冲区大小
19     }
20     T1STAT = 0;                         //清除全部中断标志位
21   }
```

为什么电平为引脚电平取反？举例说明一下。例如，要捕捉 9000ms 的低电平脉冲。当发生下降沿（电平从高电平变成低电平）时，从 0 开始计时。当发生上升沿（电平从低电平变成高电平）时，捕捉结束，定时器计数量是 9000。但是此时电平变成高电平。为了直观表达 9000 为低电平脉冲，就需要对引脚进行取反。

9. 利用串口将方波信息发给电脑的程序设计

捕捉一个完整的红外遥控解码方波需要很长时间，而串口发送也要消耗很长时间，为了让串口一次性把全部解码方波发向电脑。可使用这样的编程思想"数量未变化就表示结束。"这种编程过程是：

（1）先把数量保存到变量；

（2）再延时一段时间；

（3）再将该变量与最新的数量相比较，如果这两者相等且数量大于0，就表示结束。

```
01    u16 m, n;
02    COM_Init( BAUD_38400);             //初始化串口
03    T1Cap_Init( );                      //初始化定时器输入捕捉
04    m = rt_len;                         //(1)读取当前捕捉次数
05    halMcuWaitMs(200);                  //(2)延时200ms
06    if(( m == rt_len) && rt_len > 0)    //(3)如果当前捕捉次数不变,并大于0
07    {
08        printf(" \ r \ n \ r \ n =========== ");
09        for(n = 0; n < m; n ++ )         //循环所有捕捉次数
10        {
11            printf(" \ r \ n 序号% d, 时间 = % d, 引脚电平 = % d", n, rt_arr[n] , rti_arr[n]);
12        }
13        rt_len = 0;                      //捕捉序号归零,重新捕捉
14    }
```

10. 利用定时器捕捉红外遥控解码方波的程序设计

定时器捕捉红外遥控解码方波的程序流程图（图3.1.2）与程序如下：

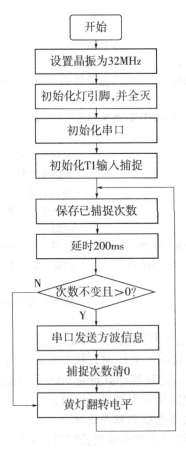

图3.1.2 定时器捕捉红外遥控解码方波的程序流程图

```
01    #include "led. h"
02    #include "usart. h"
```

```
03    #include "timcap. h"
04    void main( void)
05    {
06      u16 m, n;
07      clockSetMainSrc( 'X' , 32, 32) ;        //外部 32K, CPU 频率为 32MHz, 定时器频率为 32MHz
08      LED_Init( ) ;                           //初始化 LED 引脚
09      LED1G = 1;                              //LED1 绿灯灭
10      LED2R = 1;                              //LED2 红灯灭
11      LED3Y = 0;                              //LED3 黄灯灭
12      COM_Init( BAUD_38400) ;                 //初始化串口
13      T1Cap_Init( ) ;                         //初始化定时器输入捕捉
14      while(1)
15      {
16        m = rt_len;                           //读取当前捕捉次数
17        halMcuWaitMs(200) ;                   //延时 200ms
18        if(( m  ==  rt_len) && rt_len > 0)    //如果当前捕捉次数不变, 并大于 0
19        {
20          printf(" \ r \ n \ r \ n  ========= ") ;
21          for( n = 0; n < m; n ++ )          //循环所有捕捉次数
22          {
23            printf(" \ r \ n 序号% d, 时间 = % d, 引脚电平 = % d", n, rt_arr[ n] , rti_arr[ n] ) ;
24          }
25          rt_len = 0;                         //捕捉序号归零, 重新捕捉
26        }
27        LED3Y = ! LED3Y;                      //黄灯翻转
28      }
29    }
```

将程序烧录到 Zigbee 板。电脑的串口助手软件选择正确的串口号, 设置波特率为 38400、数据位为 8、停止位为 1、校验位为偶。利用图 3.1.3 遥控器向红外遥控一体化接收头发射一个键值 "0", 串口助手软件收到如图 3.1.4 所示的数据。

一个完整的 NEC 红外码由序号 0 ～ 67 共 68 行数据组成。图中的 76 行数据是由 1 个 NEC 红外码与 2 个连击码组成。

因为本程序的定时周期 T 为 1μs, 所以图中数据中序号 1 的 8936 对应捕捉时间为 8936μs, 序号 2 的 4455 对应捕捉时间为 4455μs。

图 3.1.3　红外遥控发射器

=========

序号 0，时间 = 17609，引脚电平 = 1

序号 1，时间 = 8936，引脚电平 = 0//引导码

序号 2，时间 = 4455，引脚电平 = 1//

序号 3，时间 = 550，引脚电平 = 0//

序号 4，时间 = 528，引脚电平 = 1//'0'

序号 5，时间 = 572，引脚电平 = 0

序号 6，时间 = 528，引脚电平 = 1//'0'

序号 7，时间 = 521，引脚电平 = 0

序号 8，时间 = 585，引脚电平 = 1//'0'

序号 9，时间 = 550，引脚电平 = 0

序号 10，时间 = 528，引脚电平 = 1//'0'

序号 11，时间 = 571，引脚电平 = 0

序号 12，时间 = 530，引脚电平 = 1//'0'

序号 13，时间 = 521，引脚电平 = 0

序号 14，时间 = 584，引脚电平 = 1//'0'

序号 15，时间 = 550，引脚电平 = 0

序号 16，时间 = 529，引脚电平 = 1//'0'

序号 17，时间 = 546，引脚电平 = 0

序号 18，时间 = 554，引脚电平 = 1//'0'

序号 19，时间 = 521，引脚电平 = 0

序号 20，时间 = 1685，引脚电平 = 1//'1'

序号 21，时间 = 572，引脚电平 = 0

序号 22，时间 = 1657，引脚电平 = 1//'1'

序号 23，时间 = 548，引脚电平 = 0

序号 24，时间 = 1652，引脚电平 = 1//'1'

序号 25，时间 = 521，引脚电平 = 0

序号 26，时间 = 1683，引脚电平 = 1//'1'

序号 27，时间 = 573，引脚电平 = 0

序号 28，时间 = 1656，引脚电平 = 1//'1'

序号 29，时间 = 550，引脚电平 = 0

序号 30，时间 = 1651，引脚电平 = 1//'1

序号 31，时间 = 521，引脚电平 = 0

序号 32，时间 = 1684，引脚电平 = 1//'1'

序号 33，时间 = 573，引脚电平 = 0

序号 34，时间 = 1656，引脚电平 = 1//'1'

序号 35，时间 = 550，引脚电平 = 0

序号 36，时间 = 527，引脚电平 = 1//'0'

序号 37，时间 = 547，引脚电平 = 0

序号 38，时间 = 1681，引脚电平 = 1//'1'

序号 39，时间 = 551，引脚电平 = 0

序号 40，时间 = 1650，引脚电平 = 1//'1'

序号 41，时间 = 520，引脚电平 = 0

序号 42，时间 = 586，引脚电平 = 1//'0'

序号 43，时间 = 551，引脚电平 = 0

序号 44，时间 = 1650，引脚电平 = 1//'1'

序号 45，时间 = 522，引脚电平 = 0

序号 46，时间 = 584，引脚电平 = 1//'0'

序号 47，时间 = 550，引脚电平 = 0

序号 48，时间 = 528，引脚电平 = 1//'0'

序号 49，时间 = 549，引脚电平 = 0

序号 50，时间 = 552，引脚电平 = 1//'0'

序号 51，时间 = 521，引脚电平 = 0

序号 52，时间 = 1684，引脚电平 = 1//'1'

序号 53，时间 = 547，引脚电平 = 0

序号 54，时间 = 553，引脚电平 = 1//'0'

序号 55，时间 = 522，引脚电平 = 0

序号 56，时间 = 584，引脚电平 = 1//'0'

序号 57，时间 = 552，引脚电平 = 0

序号 58，时间 = 1649，引脚电平 = 1//'1'

序号 59，时间 = 520，引脚电平 = 0

序号 60，时间 = 586，引脚电平 = 1//'0'

序号 61，时间 = 552，引脚电平 = 0

序号 62，时间 = 1648，引脚电平 = 1//'1'

序号 63，时间 = 521，引脚电平 = 0

序号 64，时间 = 1684，引脚电平 = 1//'1'

序号 65，时间 = 549，引脚电平 = 0

序号 66，时间 = 1680，引脚电平 = 1//'1'

序号 67，时间 = 556，引脚电平 = 0

序号 68，时间 = −25893，引脚电平 = 1

序号 69，时间 = 8945，引脚电平 = 0

序号 70，时间 = 2194，引脚电平 = 1//连击 1

序号 71，时间 = 581，引脚电平 = 0

序号 72，时间 = 29965，引脚电平 = 1

序号 73，时间 = 8940，引脚电平 = 0

序号 74，时间 = 2200，引脚电平 = 1//连击 2

序号 75，时间 = 549，引脚电平 = 0

图 3.1.4　数据

任务 3.2 红外遥控接收器

一、学习目标

（1）学习利用 CC2530 定时器输入捕捉红外一体化接收头输出的方波并解出红外码的方法。

（2）学习利用遥控器控制红绿灯的亮灭的方法。

二、功能要求

本任务的功能要求是利用红外一体化接收头解出 NEC 红外码并显示到液晶屏中，并利用遥控器控制红绿灯的亮灭。

三、软件设计

1. NEC 红外遥控协议

NEC 红外遥控协议包括红外码与连击码。红外码由引导码、用户码、用户反码、键值码与键值反码组成。引导码由 9ms 低电平、4.5ms 高电平与 0.56ms 低电平组成。二进制 0 由 0.56ms 高电平与 0.56ms 低电平组成。二进制 1 由 1.68ms 高电平与 0.56ms 低电平组成。连击码由 9ms 低电平、2.5ms 高电平与 0.56ms 低电平组成，如图 3.2.1 所示。用户码、用户反码、键值与键值反码按"低位在前、高位在后"的顺序发送。

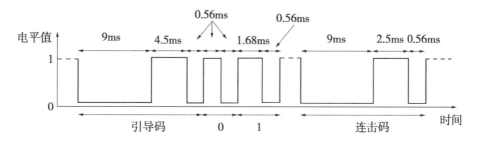

图 3.2.1 NEC 红外遥控协议

2. 初始化定时器 1 为输入捕捉的程序设计

为了令定时器的计数量更直观地表示捕捉时间，这里令定时周期 $T = 1\mu s$。

3. 红外遥控解码的程序设计

红外遥控解码由高、低电平组成，但是只能靠高电平时间来区分。解码思想为：

第一步，解码进度 0 用于解码 9ms 低电平。因此，其判断条件是引脚电平为高电平（上升沿后为高电平），并且捕捉时间为 9ms。但是各遥控器存在一定的误差，当捕捉时间为 8～10ms（被认为是 9ms），就跳到解码进度 1。

第二步，解码进度 1 用于解码 4.5ms 高电平的引导码以及 2.5ms 高电平的连击码。因此，其判断条件是引脚为低电平（下降沿后为低电平），并且捕捉时间为 3～6ms（被认为是 4.5ms）为引导码，就跳到解码进度 2（接着解码红外遥控的用户码）。如果捕捉时间为 1～3.5ms（被认为是 2.5ms），为连击码，就跳到解码进度 0。因为已完成连击码的解读，这里忽略第 3 个 0.56ms 的低电平。

第三步，解码进度 2 用于解码红外遥控的用户码、用户反码、键值码与键值反码。每个码有 8 个二进制位，四个码共有 32 个二进制位。这 32 个二进制按"低位在前、高位在后"的顺序。

（1）判断通道 3 中断、读取捕捉时间以及捕捉时间清 0

具体程序如下：

```
01  u16 rt;                                    //捕捉时间
02  if((T1STAT & 0x08)! = 0)                   //如果通道3(CH3IF)发生中断
03  {
04     rt = T1CC3H;                            //捕捉时间高8位
05     rt << = 8;                              
06     rt |= T1CC3L;                           //捕捉时间低8位
07     T1CNTL = 0x00;                          //捕捉时间从0开始
08  }
```

（2）引导码与连击码解码

引导码与连击码有着相似的结构，区分只能靠高电平时间，其中 4.5ms 高电平是引导码，2.5ms 高电平是连击码。具体程序如下：

```
01  u8  Remote_Total = 0;                                //红外码连击次数
02  u8  Remote_Step = 0;                                 //红外解码进度
03  u8  Remote_t = 32;                                   //红外码数据长度 = 32位二进制
04  switch( Remote_Step)
05  {
06      case 0://引导前码
07         //如果引脚电平为高电平并且捕捉时间在8ms至10ms之间,就表示9ms
08         if( Remote_DQ_IN == 1 && (rt > 8000 && rt < 10000)) Remote_Step = 1;    //9ms
09         break;
10      case 1://引导中码
11         //如果引脚电平为低电平并且捕捉时间在3ms至6ms之间,就表示4.5ms
12         if( Remote_DQ_IN == 0 && (rt > 3000 && rt < 6000))     //4.5ms
13         {
14            Remote_t = 32;                              //32位解码
15            Remote_Total = 0;                           //连击次数归零
16            Remote_Step = 2;
17         //如果引脚电平为低电平并且捕捉时间在1ms至3.5ms之间,就表示2.5ms
18         }else if( Remote_DQ_IN == 0 && (rt > 1000 && rt < 3500)) //2.2ms
19         {
20            Remote_Total ++ ;                           //连击次数加1
21            Remote_Step = 0;
22         }else
23            Remote_Step = 0;
24         break;
25  }
```

（3）红外遥控的用户码、用户反码、键值码与键值反码的解码

在解码进度 1 的引导码解码后，设置解码长度为 32、连击次数清 0、跳到解码进度 2。判断条件是引脚电平为低电平（下降沿后为低电平），并且捕捉时间为 0.3～1.2ms（被认

为0.56ms），为二进制0。如果捕捉时间为1.3～2.0ms（被认为1.68ms），为二进制1。当成功解码后，令变量 Remote_t 为200。

这32个二进制按"低位在前、高位在后"的顺序。因此，变量 Remote_Code 采用右移方式，给最左侧添加0。如果想变量 Remote_Code 最左侧添加1，可使用语句 Remote_Code += 0x80000000；具体程序如下：

```
01  u32 Remote_Code = 0;                        //32 位红外码
02  switch(Remote_Step)
03  {
04  case 2://32 位二进制解码
05    if(Remote_DQ_IN == 0)
06    {
07      Remote_Code >> = 1;                      //左侧增加一位 0
08      if(rt > 300 && rt < 1200)                //560us
09      {
10        Remote_t -- ;                          //32 位解码减 1
11        if(Remote_t == 0)
12        {
13          Remote_Step = 0;    Remote_t = 200;  //接收完成
14        }
15      }else if(rt > 1300 && rt < 2000)         //1680us
16      {
17        Remote_Code += 0x80000000;             //左侧增加一位 1
18        Remote_t -- ;                          //32 位解码减 1
19        if(Remote_t == 0)
20        {
21          Remote_Step = 0;    Remote_t = 200;  //接收完成
22        }
23      }else Remote_Step = 0;
24    }
25    break;
26  }
```

4. 读取红外遥控码与连击次数的程序设计

解码成功有两种：一是成功解出32位红外码，其条件是变量 Remote_t 等于200；二是成功解出连击码，其条件是变量 Remote_Total 大于0。具体程序如下：

```
01  u8 Remote_POLL_DATA(u32 * code32, u8 * code8, u8 * click)
02  {
03    u8 a, b;
04    a = Remote_Code >> 24;
05    b = Remote_Code >> 16;
06    if((Remote_t == 200 && a == (~b)) || Remote_Total > 0)   //如果已接收完成或者连击次数 > 0
07    {
08      * code32 = Remote_Code;                                //读取 32 位红外码
09      * code8 = b;
```

```
10      * click = Remote_Total;            //读取连击次数
11      Remote_t = 0; Remote_Total = 0;    //已读取过一次, 重新解码, 重新计算
12      return 0;
13   }
14   return 1;
15   }
```

5. 红外遥控接收器的程序设计

红外遥控接收器的程序流程图（图3.2.2）与程序如下：

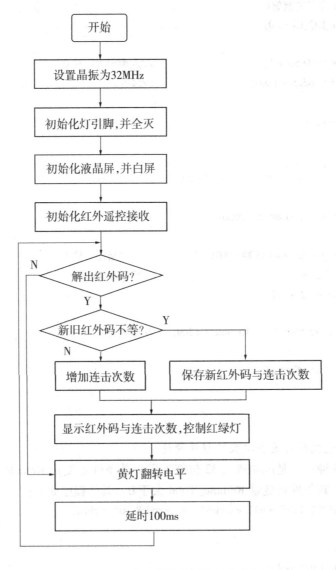

图 3.2.2　红外遥控接收器的程序流程图

```
01   #include "led. h"
02   #include "LCD_SPI. h"
03   #include "Remote. h"
04   void main( void)
```

```
05    {
06        u32 hwcode = 0, hwcode0 = 0;
07        u8   hwclick = 0, hwclick0 = 0;
08        u8   hwcode8 = 0;
09        clockSetMainSrc('X', 32, 32);          //外部 32K, CPU 频率为 32MHz, 定时器频率为 32MHz
10        LED_Init();                            //初始化 LED 引脚
11        LED1G = 1;                             //LED1 绿灯灭
12        LED2R = 1;                             //LED2 红灯灭
13        LED3Y = 0;                             //LED3 黄灯灭
14        LCD_Init();                            //初始化液晶屏
15        LCD_Clear(0x00);                       //清屏为白底
16        Remote_Init();                         //初始化红外遥控接收
17        while(1)
18        {
19            if(Remote_POLL_DATA(&hwcode, &hwcode8, &hwclick) ==0) //成功解出红外码
20            {
21                if(hwcode0! = hwcode)          //如果新旧红外码不相等
22                {
23                    hwcode0 = hwcode;          //保存新红外码
24                    hwclick0 = hwclick;        //保存新连击次数
25                }else{
26                    hwclick0 += hwclick;       //只是旧红外码增加连击次数
27                }
28                LCD_PutNumber(0, LCD_LINE1, hwcode0, 16, 8, 0);//8 位十六进制的 32 位红外码
29                LCD_PutNumber(0, LCD_LINE2, hwcode8, 16, 2, 0);//2 位十六进制的 8 位红外码
30                LCD_PutNumber(0, LCD_LINE3, hwclick0, 10, 3, 0);//红外码连击次数
31                switch(hwcode8)                //根据 32 位红外码区分功能
32                {
33                case 0x42:                     //功能 1   7 键
34                    LED1G = LED2R = 0;         //红绿灯亮
35                    break;
36                case 0x52:                     //功能 2   8 键
37                    LED1G = LED2R = 1;         //红绿灯灭
38                    break;
39                case 0x4A:                     //功能 3   9 键
40                    LED1G = LED2R = !LED2R;    //红绿灯翻转
41                    break;
42                case 0x45:                     //功能 4 CH – 键
43                    LED1G = 0;                 //绿灯亮
44                    break;
45                case 0x46:                     //功能 5 CH 键
46                    LED1G = 1;                 //绿灯灭
47                    break;
48                case 0x47:                     //功能 6 CH + 键
```

```
49          LED1G = !LED1G;        //绿灯翻转
50            break;
51        case 0x44:                //功能 7 PREV 键
52            LED2R = 0;            //红灯亮
53            break;
54        case 0x40:                //功能 8 NEXT 键
55            LED2R = 1;            //红灯灭
56            break;
57        case 0x43:                //功能 9 PLAY 键
58            LED2R = !LED2R;        //红灯翻转
59            break;
60          }
61        }
62        LED3Y = !LED3Y;            //黄灯翻转
63        halMcuWaitMs(100);        //延时 100ms
64      }
65    }
```

将程序烧录到 Zigbee 板。利用图 3.1.3 的遥控器向红外遥控一体化接收头发射一个键值"7"，红灯与绿灯亮，液晶屏显示十六进制的红外码，如图 3.2.3 所示。

本任务中遥控器各键功能如表 3.2.1 所示。按表中 9 个键，可实现对红灯与绿灯的单灯与双灯控制，包括亮、灭与翻转。

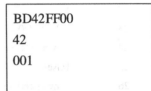

图 3.2.3　液晶屏显示结果

表 3.2.1　遥控器各键功能

键名称	功能	键名称	功能
7	红灯与绿灯亮	CH +	绿灯翻转
8	红灯与绿灯灭	PREV	红灯亮
9	红灯与绿灯翻转	NEXT	红灯灭
CH −	绿灯亮	PLAY	红灯翻转
CH	绿灯灭		

本任务中遥控器各键的红外码如表 3.2.2 所示。

表 3.2.2　遥控器各键的红外码

键名	红外码	键值	键名	红外码	键值	键名	红外码	键值
CH −	0xBA45FF00	0x45	VOL +	0xEA15FF00	0x15	3	0xA15EFF00	0x5E
CH	0xB946FF00	0x46	EQ	0xF609FF00	0x09	4	0xF708FF00	0x08
CH +	0xB847FF00	0x47	0	0xE916FF00	0x16	5	0xE31CFF00	0x1C
PREV	0xBB44FF00	0x44	100 +	0xE619FF00	0x19	6	0xA55AFF00	0x5A
NEXT	0xBF40FF00	0x40	200 +	0xF20DFF00	0x0D	7	0xBD42FF00	0x42
PLAY	0xBC43FF00	0x43	1	0xF30CFF00	0x0C	8	0xAD52FF00	0x52
VOL −	0xF807FF00	0x07	2	0xE718FF00	0x18	9	0xB54AFF00	0x4A

任务 3.3　带远程修改红外码的红外遥控接收器

一、学习目标

（1）学习利用 FLASH 读写红外遥控码的方法。

（2）学习利用串口读写红外遥控码的方法。

二、功能要求

本任务的功能要求是基于任务 3.2 实现远程读写红外遥控码，并利用 FLASH 保存起来。

三、软件设计

1. BUILD_UINT32 函数与 BREAK_UINT32 函数的用法

（1）BREAK_UINT32 函数用于从 32 位变量 var 读出第 ByteNum 字节

形参：var 是 32 位整数；

　　　ByteNum 是字节序号，取值范围是 0 ~ 3。

返回值：序号为 ByteNum 的 8 位整数。

```
#define BREAK_UINT32( var, ByteNum ) \
(u8)((u32)((((var) >> ((ByteNum) * 8)) & 0x00FF))
```

例如，获取 32 位整数的各字节。程序如下：

```
01   u8   a = BREAK_UINT32(0x12345678, 3);        //变量 a = 0x12;
02   u8   b = BREAK_UINT32(0x12345678, 2);        //变量 b = 0x34;
03   u8   c = BREAK_UINT32(0x12345678, 1);        //变量 c = 0x56;
04   u8   d = BREAK_UINT32(0x12345678, 0);        //变量 d = 0x78;
```

（2）BUILD_UINT32 函数用于将四字节合并成 32 位整数

形参：Byte0 是序号为 0 的 8 位整数；

　　　Byte1 是序号为 1 的 8 位整数；

　　　Byte2 是序号为 2 的 8 位整数；

　　　Byte3 是序号为 3 的 8 位整数。

返回值：32 位整数。

```
#define BUILD_UINT32( Byte0, Byte1, Byte2, Byte3 ) \
  ((u32)((u32)((Byte0) & 0x00FF) \
    + ((u32)((Byte1) & 0x00FF) << 8) \
      + ((u32)((Byte2) & 0x00FF) << 16) \
        + ((u32)((Byte3) & 0x00FF) << 24)))
```

例如，将四字节合并成 32 位整数。程序如下：

```
u32   m = BUILD_UINT32(0x78, 0x56, 0x34, 0x12);          //变量 m = 0x12345678;
```

2. FLASH 读写红外遥控码的程序设计

从 FLASH 读取的数据就是红外码吗？重新烧录程序后，保存时间的地址的内容被擦成 0xFF。这不是真正的红外码。为了解决这个问题，增加一个校验字节 0xAA，用于判断读到的数据是否有效。具体程序如下：

```
01    u32 RCODE0, RCODE1 = 0xBD42FF00, RCODE2 = 0xAD52FF00;
02    u32 RCODE3 = 0xB54AFF00, RCODE4 = 0xE916FF00;
03    u8    issave = 0;
04    u8    buffer[20];
05    HalFlash_init();                      //初始化 FLASH
06    HalFlashRead(126, 0, buffer, 17);     //读取序号为 126 的 page 的前 17 个字节
07    if( buffer[0] == 0xAA)                //如果 FLASH 中数据有效就读取红外码
08    {// BUILD_UINT32 函数用于将四字节合并成 32 位整数
09       RCODE1 = BUILD_UINT32(buffer[4], buffer[3], buffer[2], buffer[1]);
10       RCODE2 = BUILD_UINT32(buffer[8], buffer[7], buffer[6], buffer[5]);
11       RCODE3 = BUILD_UINT32(buffer[12], buffer[11], buffer[10], buffer[9]);
12       RCODE4 = BUILD_UINT32(buffer[16], buffer[15], buffer[14], buffer[13]);
13    }
14    if( issave! = 0)                      //保存红外码
15    {
16       issave = 0;
17       buffer[0] = 0xAA;                  //数据有效
18       //BREAK_UINT32 函数用于从 32 位变量 RCODE1 读出第 N 字节
19       buffer[1] = BREAK_UINT32(RCODE1, 3);      //红外码 RCODE1 的 24 - 31 位字节
20       buffer[2] = BREAK_UINT32(RCODE1, 2);      //红外码 RCODE1 的 16 - 23 位字节
21       buffer[3] = BREAK_UINT32(RCODE1, 1);      //红外码 RCODE1 的 8 - 15 位字节
22       buffer[4] = BREAK_UINT32(RCODE1, 0);      //红外码 RCODE1 的 0 - 7 位字节
23       buffer[5] = BREAK_UINT32(RCODE2, 3);
24       buffer[6] = BREAK_UINT32(RCODE2, 2);
25       buffer[7] = BREAK_UINT32(RCODE2, 1);
26       buffer[8] = BREAK_UINT32(RCODE2, 0);
27       buffer[9] = BREAK_UINT32(RCODE3, 3);
28       buffer[10] = BREAK_UINT32(RCODE3, 2);
29       buffer[11] = BREAK_UINT32(RCODE3, 1);
30       buffer[12] = BREAK_UINT32(RCODE3, 0);
31       buffer[13] = BREAK_UINT32(RCODE4, 3);
32       buffer[14] = BREAK_UINT32(RCODE4, 2);
33       buffer[15] = BREAK_UINT32(RCODE4, 1);
34       buffer[16] = BREAK_UINT32(RCODE4, 0);
35       HalFlashErase(126);                      //擦除序号为 126 的 page
36       HalFlashWritedata(126, 0, buffer, 17);   //往序号为 126 的 page 写 17 个字节
37    }
```

3. 串口读取红外码的程序设计

根据表 3.3.1 串口通信协议，每条指令的长度均为 10，并且第 2 与第 3 字节用于区分各条指令。

表 3.3.1　串口通信协议

PC 发送数据（十六进制）	Zigbee 回复数据（十六进制）	功能
00 00 48 31 00 00 00 00 0D 0A	00 00 48 31 C1 C2 C3 C4 0D 0A	读取红外码 1： C1 表示 24～31 位字节 C2 表示 16～23 位字节 C3 表示 8～15 位字节 C4 表示 0～7 位字节
00 00 48 32 00 00 00 00 0D 0A	00 00 48 32 C1 C2 C3 C4 0D 0A	读取红外码 2： C1 表示 24～31 位字节 C2 表示 16～23 位字节 C3 表示 8～15 位字节 C4 表示 0～7 位字节
00 00 48 33 00 00 00 00 0D 0A	00 00 48 33 C1 C2 C3 C4 0D 0A	读取红外码 3： C1 表示 24～31 位字节 C2 表示 16～23 位字节 C3 表示 8～15 位字节 C4 表示 0～7 位字节
00 00 48 34 00 00 00 00 0D 0A	00 00 48 34 C1 C2 C3 C4 0D 0A	读取红外码 4： C1 表示 24～31 位字节 C2 表示 16～23 位字节 C3 表示 8～15 位字节 C4 表示 0～7 位字节
00 00 57 31 C1 C2 C3 C4 0D 0A	无	更新红外码 1： C1 表示 24～31 位字节 C2 表示 16～23 位字节 C3 表示 8～15 位字节 C4 表示 0～7 位字节
00 00 57 32 C1 C2 C3 C4 0D 0A	无	更新红外码 2： C1 表示 24～31 位字节 C2 表示 16～23 位字节 C3 表示 8～15 位字节 C4 表示 0～7 位字节
00 00 57 33 C1 C2 C3 C4 0D 0A	无	更新红外码 3： C1 表示 24～31 位字节 C2 表示 16～23 位字节 C3 表示 8～15 位字节 C4 表示 0～7 位字节

PC 发送数据（十六进制）	Zigbee 回复数据（十六进制）	功能
00 00 57 34 C1 C2 C3 C4 0D 0A	无	更新红外码 4： C1 表示 24～31 位字节 C2 表示 16～23 位字节 C3 表示 8～15 位字节 C4 表示 0～7 位字节

具体程序如下：

```
01  u8  buf[20];
02  u8  rxlen = 0;
03  clockSetMainSrc('X', 32, 32);      //外部 32K, CPU 频率为 32MHz, 定时器频率为 32MHz
04  COM_Init(BAUD_9600);               //初始化串口
05  rxlen = COM_Getarr(buf);           //读取串口数据, 必须以 0x0D 0x0A 结尾
06  if(rxlen == 10)                    //如果读到数量, 就表示已接收到数据
07  {
08  if(buf[2] == 'W' && buf[3] == '1')//00 00 W 1 C1 C2 C3 C4 0D 0A 修改红外码 RCODE1
09    { // BUILD_UINT32 函数用于将四字节合并成 32 位整数
10    RCODE0 = BUILD_UINT32(buf[7], buf[6], buf[5], buf[4]);
11    if(RCODE0! = RCODE1)
12    {
13      RCODE1 = RCODE0;
14      issave = 1;
15      LCD_PutNumber(64, LCD_LINE1, RCODE1, 16, 8, 0);
16    }
17  }else if(buf[2] == 'W' && buf[3] == '2')//00 00 W 2 C1 C2 C3 C40D0A 修改红外码 RCODE2
18    {
19    RCODE0 = BUILD_UINT32(buf[7], buf[6], buf[5], buf[4]);
20    if(RCODE0! = RCODE2)
21    {
22      RCODE2 = RCODE0;
23      issave = 1;
24      LCD_PutNumber(64, LCD_LINE2, RCODE2, 16, 8, 0);
25    }
26  }else if(buf[2] == 'W' && buf[3] == '3')//00 00 W 3 C1 C2 C3 C40D0A 修改红外码 RCODE3
27    {
28    RCODE0 = BUILD_UINT32(buf[7], buf[6], buf[5], buf[4]);
29    if(RCODE0! = RCODE3)
30    {
31      RCODE3 = RCODE0;
32      issave = 1;
33      LCD_PutNumber(64, LCD_LINE3, RCODE3, 16, 8, 0);
34    }
```

```
35    }else if( buf[2] == 'W' && buf[3] == '4')//00 00 W 4 C1 C2 C3 C40D0A 修改红外码 RCODE4
36    {
37      RCODE0 = BUILD_UINT32( buf[7], buf[6], buf[5], buf[4]);
38      if( RCODE0! = RCODE4)
39      {
40        RCODE4 = RCODE0;
41        issave = 1;
42        LCD_PutNumber(64, LCD_LINE4, RCODE4, 16, 8, 0);
43      }
44    }else if( buf[2] == 'H' && buf[3] == '1')//00 00 H 1 C1 C2 C3 C40D0A 读取红外码 RCODE1
45    {   // BREAK_UINT32 函数用于从 32 位变量 RCODE1 读出第 N 字节
46      buf[4] = BREAK_UINT32(RCODE1, 3); // 红外码 RCODE1 的 24 - 31 位字节
47      buf[5] = BREAK_UINT32(RCODE1, 2); // 红外码 RCODE1 的 16 - 23 位字节
48      buf[6] = BREAK_UINT32(RCODE1, 1); // 红外码 RCODE1 的 8 - 15 位字节
49      buf[7] = BREAK_UINT32(RCODE1, 0); // 红外码 RCODE1 的 0 - 7 位字节
50      COM_Sendarr( buf, 10);        //回复 PC 指令, 返回红外码 RCODE1
51    }else if( buf[2] == 'H' && buf[3] == '2')//00 00 H 2 C1 C2 C3 C40D0A 读取红外码 RCODE2
52    {
53      buf[4] = BREAK_UINT32(RCODE2, 3);
54      buf[5] = BREAK_UINT32(RCODE2, 2);
55      buf[6] = BREAK_UINT32(RCODE2, 1);
56      buf[7] = BREAK_UINT32(RCODE2, 0);
57      COM_Sendarr( buf, 10);        //回复 PC 指令, 返回红外码 RCODE2
58    }else if( buf[2] == 'H' && buf[3] == '3')//00 00 H 3 C1 C2 C3 C4 0D 0A 读取红外码 RCODE3
59    {
60      buf[4] = BREAK_UINT32(RCODE3, 3);
61      buf[5] = BREAK_UINT32(RCODE3, 2);
62      buf[6] = BREAK_UINT32(RCODE3, 1);
63      buf[7] = BREAK_UINT32(RCODE3, 0);
64      COM_Sendarr( buf, 10);        //回复 PC 指令, 返回红外码 RCODE3
65    }else if( buf[2] == 'H' && buf[3] == '4')//00 00 H 4 C1 C2 C3 C4 0D 0A 读取红外码 RCODE4
66    {
67      buf[4] = BREAK_UINT32(RCODE4, 3);
68      buf[5] = BREAK_UINT32(RCODE4, 2);
69      buf[6] = BREAK_UINT32(RCODE4, 1);
70      buf[7] = BREAK_UINT32(RCODE4, 0);
71      COM_Sendarr( buf, 10);        //回复 PC 指令, 返回红外码 RCODE4
72    }
73  }
```

4. 带远程修改红外码的红外遥控接收器的程序设计

```
01  #include "led. h"
02  #include "LCD_SPI. h"
03  #include "usart. h"
04  #include "hal_flash. h"
```

```
05    #include "Remote. h"
06    void main( void)
07    {
08        // =========== 红外遥控解码 开始 ===========
09        u32 hwcode = 0, hwcode0 = 0;
10        u8   hwclick = 0, hwclick0 = 0;
11        u8   hwcode8 = 0;
12        // =========== 红外遥控解码 结束 ===========
13        // =========== FLASH 读写红外码 开始 ===========
14        u32 RCODE0, RCODE1 = 0xBD42FF00, RCODE2 = 0xAD52FF00;
15        u32 RCODE3 = 0xB54AFF00, RCODE4 = 0xE916FF00;
16        u8   issave = 0;
17        u8   buffer[20];
18        // =========== FLASH 读写红外码 结束 ===========
19        // =========== 串口读写红外码 开始 ===========
20        u8   buf[20];
21        u8   rxlen = 0;
22        // =========== 串口读写红外码 结束 ===========
23        clockSetMainSrc( 'X' , 32, 32);        //外部 32K, CPU 频率为 32MHz, 定时器频率为 32MHz
24        LED_Init();                            //初始化 LED 引脚
25        LED1G = 1;                             //LED1 绿灯灭
26        LED2R = 1;                             //LED2 红灯灭
27        LED3Y = 0;                             //LED3 黄灯灭
28        // =========== FLASH 读写红外码 开始 ===========
29        HalFlash_init();                       //初始化 FLASH
30        HalFlashRead(126, 0, buffer, 17);      //读取序号为 126 的 page 的前 17 个字节
31        if( buffer[0] ==0xAA)
32        {
33          RCODE1 = BUILD_UINT32( buffer[4], buffer[3], buffer[2], buffer[1]);
34          RCODE2 = BUILD_UINT32( buffer[8], buffer[7], buffer[6], buffer[5]);
35          RCODE3 = BUILD_UINT32( buffer[12], buffer[11], buffer[10], buffer[9]);
36          RCODE4 = BUILD_UINT32( buffer[16], buffer[15], buffer[14], buffer[13]);
37        }
38        // =========== FLASH 读写红外码 结束 ===========
39        LCD_Init();                            //初始化液晶屏
40        LCD_Clear(0x00);                       //清屏为白底
41        LCD_PutNumber(64, LCD_LINE1, RCODE1, 16, 8, 0);
42        LCD_PutNumber(64, LCD_LINE2, RCODE2, 16, 8, 0);
43        LCD_PutNumber(64, LCD_LINE3, RCODE3, 16, 8, 0);
44        LCD_PutNumber(64, LCD_LINE4, RCODE4, 16, 8, 0);
45        // =========== 串口读写红外码 开始 ===========
46        COM_Init(BAUD_9600);                   //初始化串口
47        // =========== 串口读写红外码 结束 ===========
48        // =========== 红外遥控解码 开始 ===========
```

```
49      Remote_Init();                          //初始化红外遥控接收
50      // ============红外遥控解码 结束 ============
51      while(1)
52      {
53          // ============ 红外遥控解码 开始 ============
54          //处理红外遥控接收数据
55          if(Remote_POLL_DATA(&hwcode, &hwcode8, &hwclick) == 0)
56          {
57              if(hwcode0! = hwcode)
58              {
59                  hwcode0 = hwcode;
60                  hwclick0 = hwclick;
61              }else{
62                  hwclick0 + = hwclick;
63              }
64              LCD_PutNumber(0, LCD_LINE1, hwcode0, 16, 8, 0);//8 位十六进制的 32 位红外码
65              LCD_PutNumber(0, LCD_LINE2, hwcode8, 16, 2, 0);//2 位十六进制的 8 位红外码
66              LCD_PutNumber(0, LCD_LINE3, hwclick0, 10, 3, 0);//红外码连击次数
67              if(hwcode0 == RCODE1)
68              {
69                  LED2R = 0;               //红灯亮
70              }else if(hwcode0 == RCODE2)
71              {
72                  LED2R = 1;               //红灯灭
73              }else if(hwcode0 == RCODE3)
74              {
75                  LED2R = ! LED2R;         //红灯翻转
76              }else if(hwcode0 == RCODE4)
77              {
78                  LED2R = 0;               //红灯亮
79                  halMcuWaitMs(1000);      //延时 1000ms
80                  LED2R = 1;               //红灯灭
81              }
82          }
83          // ============红外遥控解码 结束 ============
84          // ============ 串口读写红外码 开始 ============
85          //处理串口接收数据
86          rxlen = COM_Getarr(buf);        //读取串口数据,必须以 0x0D 0x0A 结尾
87          if(rxlen == 10)                 //如果读到数量,就表示已接收到数据
88          {
89              if(buf[2] == 'W' && buf[3] == '1')//00 00 W 1 C1 C2 C3 C4 0D 0A
90              {
91                  RCODE0 = BUILD_UINT32(buf[7], buf[6], buf[5], buf[4]);
92                  if(RCODE0! = RCODE1)
```

```
93              {
94                 RCODE1 = RCODE0;
95                 issave = 1;
96                 LCD_PutNumber(64, LCD_LINE1, RCODE1, 16, 8, 0);
97              }
98          }else if(buf[2] == 'W' && buf[3] == '2')//00 00 W 2 C1 C2 C3 C4 0D 0A
99          {
100             RCODE0 = BUILD_UINT32(buf[7], buf[6], buf[5], buf[4]);
101             if(RCODE0! = RCODE2)
102             {
103                RCODE2 = RCODE0;
104                issave = 1;
105                LCD_PutNumber(64, LCD_LINE2, RCODE2, 16, 8, 0);
106             }
107         }else if(buf[2] == 'W' && buf[3] == '3')//00 00 W 3 C1 C2 C3 C4 0D 0A
108         {
109             RCODE0 = BUILD_UINT32(buf[7], buf[6], buf[5], buf[4]);
110             if(RCODE0! = RCODE3)
111             {
112                RCODE3 = RCODE0;
113                issave = 1;
114                LCD_PutNumber(64, LCD_LINE3, RCODE3, 16, 8, 0);
115             }
116         }else if(buf[2] == 'W' && buf[3] == '4')//00 00 W 4 C1 C2 C3 C4 0D 0A
117         {
118             RCODE0 = BUILD_UINT32(buf[7], buf[6], buf[5], buf[4]);
119             if(RCODE0! = RCODE4)
120             {
121                RCODE4 = RCODE0;
122                issave = 1;
123                LCD_PutNumber(64, LCD_LINE4, RCODE4, 16, 8, 0);
124             }
125         }else if(buf[2] == 'H' && buf[3] == '1')//00 00 H 1 C1 C2 C3 C4 0D 0A
126         {
127             buf[4] = BREAK_UINT32(RCODE1, 3);
128             buf[5] = BREAK_UINT32(RCODE1, 2);
129             buf[6] = BREAK_UINT32(RCODE1, 1);
130             buf[7] = BREAK_UINT32(RCODE1, 0);
131             COM_Sendarr(buf, 10);
132         }else if(buf[2] == 'H' && buf[3] == '2')//00 00 H 2 C1 C2 C3 C4 0D 0A
133         {
134             buf[4] = BREAK_UINT32(RCODE2, 3);
135             buf[5] = BREAK_UINT32(RCODE2, 2);
136             buf[6] = BREAK_UINT32(RCODE2, 1);
```

```
137            buf[7] = BREAK_UINT32(RCODE2, 0);
138            COM_Sendarr(buf, 10);
139        }else if(buf[2] == 'H' && buf[3] == '3')//00 00 H 3 C1 C2 C3 C4 0D 0A
140        {
141            buf[4] = BREAK_UINT32(RCODE3, 3);
142            buf[5] = BREAK_UINT32(RCODE3, 2);
143            buf[6] = BREAK_UINT32(RCODE3, 1);
144            buf[7] = BREAK_UINT32(RCODE3, 0);
145            COM_Sendarr(buf, 10);
146        }else if(buf[2] == 'H' && buf[3] == '4')//00 00 H 4 C1 C2 C3 C4 0D 0A
147        {
148            buf[4] = BREAK_UINT32(RCODE4, 3);
149            buf[5] = BREAK_UINT32(RCODE4, 2);
150            buf[6] = BREAK_UINT32(RCODE4, 1);
151            buf[7] = BREAK_UINT32(RCODE4, 0);
152            COM_Sendarr(buf, 10);
153        }
154    }
155    // =========== 串口读写红外码 结束 ===========
156    // =========== FLASH 读写红外码 开始 ===========
157    //保存红外码
158    if(issave! = 0)
159    {
160        issave = 0;
161        buffer[0] = 0xAA;
162        buffer[1] = BREAK_UINT32(RCODE1, 3);
163        buffer[2] = BREAK_UINT32(RCODE1, 2);
164        buffer[3] = BREAK_UINT32(RCODE1, 1);
165        buffer[4] = BREAK_UINT32(RCODE1, 0);
166        buffer[5] = BREAK_UINT32(RCODE2, 3);
167        buffer[6] = BREAK_UINT32(RCODE2, 2);
168        buffer[7] = BREAK_UINT32(RCODE2, 1);
169        buffer[8] = BREAK_UINT32(RCODE2, 0);
170        buffer[9] = BREAK_UINT32(RCODE3, 3);
171        buffer[10] = BREAK_UINT32(RCODE3, 2);
172        buffer[11] = BREAK_UINT32(RCODE3, 1);
173        buffer[12] = BREAK_UINT32(RCODE3, 0);
174        buffer[13] = BREAK_UINT32(RCODE4, 3);
175        buffer[14] = BREAK_UINT32(RCODE4, 2);
176        buffer[15] = BREAK_UINT32(RCODE4, 1);
177        buffer[16] = BREAK_UINT32(RCODE4, 0);
178        HalFlashErase(126);                    //擦除序号为 126 的 page
179        HalFlashWritedata(126, 0, buffer, 17);  //往序号为 126 的 page 写 17 个字节
180    }
```

```
181        // ============ FLASH 读写红外码 结束 ============
182        LED3Y = ! LED3Y;              //黄灯翻转
183        halMcuWaitMs(100);           //延时 100ms
184    }
185  }
```

将程序烧录到 Zigbee 板。打开 PC 软件，选择正确的串口号，设置波特率为 9600、数据位为 8、停止位为 1、校验位为偶。利用软件读写四个红外码，如图 3.3.1 所示。

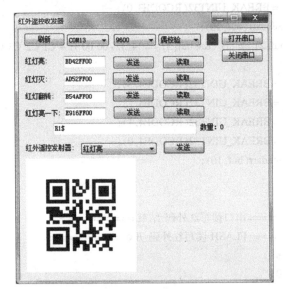

图 3.3.1　PC 软件

复位 Zigbee 板，液晶屏显示四个红外码，如图 3.3.2a 所示。按遥控器的 CH－键，液晶屏显示红外码与连击次数，如图 3.3.2b 所示。

默认情况下，遥控器的 7、8、9 与 0 键分别控制红灯亮、灭、翻转、亮 1s 再灭这四个功能，如表 3.3.2 所示。

	BD42FF00		BA45FF00	BD42FF00
	AD52FF00		45	AD52FF00
	B54AFF00		001	B54AFF00
	E916FF00			E916FF00

(a)	(b)

图 3.3.2　液晶屏显示结果

表 3.3.2　遥控器各键功能

红外码	键名称	功能	红外码	键名称	功能
红外码 1	7	红灯亮	红外码 3	9	红灯翻转
红外码 2	8	红灯灭	红外码 4	0	红灯亮 1s 再灭

任务 3.4 方向键

一、学习目标

学习 CC2530 模数转换的识别方向键的方法。

二、功能要求

本任务的功能要求是利用 AIN6 读取按键的 ADC 转换值,并显示到液晶屏上。再利用 ADC 转换值识别方向键。

三、电路工作原理

1. 方向键的电路

根据方向键电路(图 3.0.3),S1 键连接 P 0.1 引脚,S2 ～ S6 键中断引脚对应 P 2.0 引脚,P 0.6 引脚用于采集按键电压值。整理成 I/O 分配表能更直观掌握电路的控制方法,如表 3.4.1 所示。

表 3.4.1 I/O 分配表

I/O 引脚	功能	设备	高电平	低电平
P1.2	I/O 输出	LCD 的 CS	停止 SPI 通信	与 LCD 进行 SPI 通信
P0.0	I/O 输出	LCD 的 RS	向 LCD 传输数据	向 LCD 传输指令
P1.5	SCK	LCD 的 SCK	—	—
P1.6	MOSI	LCD 的 SDA	—	—
P0.1	I/O 输入	S1 键	释放	按下
P2.0	I/O 输入	S2 ～ S6 键	按下	释放
P0.6	模数转换	S2 ～ S6 键	—	—
P1.4	I/O 输出	黄灯 D3	亮	灭

四、软件设计

1. 利用 P 0.6 引脚采集按键电压值的程序设计

CC2530 属于 8051 单片机,每次操作只能操作 8 位二进制。为了加快运算速度,ADC 分辨率选择 7 位。为方便测试,把 ADC 转换值与电压值均显示在液晶屏上。具体程序如下:

```
01  LCD_PutString( 0, LCD_LINE1, "JSA6 = ",0);
02  v = get_ADC(6,7); //读取通道 AIN6(P 0.6)的 ADC 转换值,结果为 7 位二进制
03  LCD_PutNumber(40, LCD_LINE1, v,10,4,0);
04  v = (u16)((fp32)v * 330.0/128.0);          //ADC 转换值转电压值的 100 倍
05  buf[0] = (v/100) + '0';                    //整数的百位
06  buf[1] = '.';                              //小数点
07  buf[2] = ((v%100)/10) + '0';               //整数的十位
```

```
08   buf[3] = (v%10) + '0';                    //整数的个位
09   buf[4] = 'V';                             //电压单位
10   buf[5] = 0;                               //字符串结尾字节
11   LCD_PutString(85, LCD_LINE1, buf, 0);
//KEY: 无       S2 中      S3 右      S4 左      S5 下      S6 上
//ADC: 0000    127        101        75         50         24
// V : 0.00    3.27       2.60       1.93       1.28       0.61
```

因为此程序一直运行，如果需要显示 S2 键的 ADC 转换值与电压值，就需要一直按着 S2 键不松手。

2. 识别方向键的程序设计

本程序基于任务 1.8 识别按键的程序，增加方向键的识别。方向键的 ADC 转换值与红外遥控捕捉时间值一样，不可能是固定值。因此，选择一个区间值。

例如，按下 S3 键，ADC 转换值为 101，那区间值为相邻两个键 ADC 转换值的平均值，分别为 127 与 101 的平均值 115、101 与 75 的平均值 88。当 ADC 转换值大于 88 且小于 115 时，表示按下 S3 键。

具体程序如下：

```
01   u8 KEY_scan_all(void)                     //识别按键值，按一次只识别出一次
02   {
03     static u8 key_up = 1;                   //1 允许识别按键，0 不允许识别按键
04     u16 v = 0;
05     if(key_up == 1)                         //允许识别按键
06     {
07       if(KEYS1 == 0)                        //第一次识别 S1 为被按下
08       {
09         halMcuWaitMs(KEYt);                 //去抖动延时 KEYt ms
10         if(KEYS1 == 0)                      //第二次识别 S1 也为被按下
11         {
12           key_up = 0;                       //不允许识别按键
13           return 1;                         //经过两次识别，S1 被按下
14         }
15       }
16       if(KEYJS == 1)                        //识别 JoyStick 为被按下
17       {
18         key_up = 0;                         //不允许识别按键
19         v = get_ADC(6,7);                   //读取 JoyStick 键的 ADC 转换值
20         if(v > 115) {
21           return 22;                        //S2 中
22         }else if(v > 88) {
23           return 23;                        //S3 右
24         }else if(v > 65) {
25           return 24;                        //S4 左
26         }else if(v > 35) {
27           return 25;                        //S5 下
```

```
28        }else if( v > 15) {
29           return 26;                          //S6 上
30        }
31      }
32    }else if( KEYS1 == 1 && KEYJS == 0) {   //S1 与 JoyStick 同时被释放
33      key_up = 1;                           //允许识别按键
34    }
35    return 0;                              //无按键被按下
36  }
```

3. 识别方向键并在 LCD 显示不同内容的程序设计

用变量 key 保存按键扫描 KEY_scan_all 函数的结果。如果变量 key 等于 22，就表示按键 S2 键。如果变量 key 等于 23，就表示按键 S3 键。如果变量 key 等于 24，就表示按键 S4 键。如果变量 key 等于 25，就表示按键 S5 键。如果变量 key 等于 26，就表示按键 S6 键。具体程序如下：

```
01  u8 key = 0;
02  key = KEY_scan_all();      //读取按键值
03  switch( key)               //根据按键值区分功能
04  {
05  case 22:                   //功能 1 S2 中
06    LCD_PutString( 0, LCD_LINE1, "KEY = S2", 0);
07    break;
08  case 23:                   //功能 2 S3 右
09    LCD_PutString( 0, LCD_LINE1, "KEY = S3", 0);
10    break;
11  case 24:                   //功能 3 S4 左
12    LCD_PutString( 0, LCD_LINE1, "KEY = S4", 0);
13    break;
14  case 25:                   //功能 4 S5 下
15    LCD_PutString( 0, LCD_LINE1, "KEY = S5", 0);
16    break;
17  case 26:                   //功能 5 S6 上
18    LCD_PutString( 0, LCD_LINE1, "KEY = S6", 0);
19    break;
20  }
```

4. 方向键的程序设计

方向键的程序流程图（图 3.4.1）与程序如下：

```
01  #include "led. h"
02  #include "LCD_SPI. h"
03  #include "joystick. h"
04  void main( void)
05  {
06    u8 buf[6];
07    u16 v = 0, vv = 0;
```

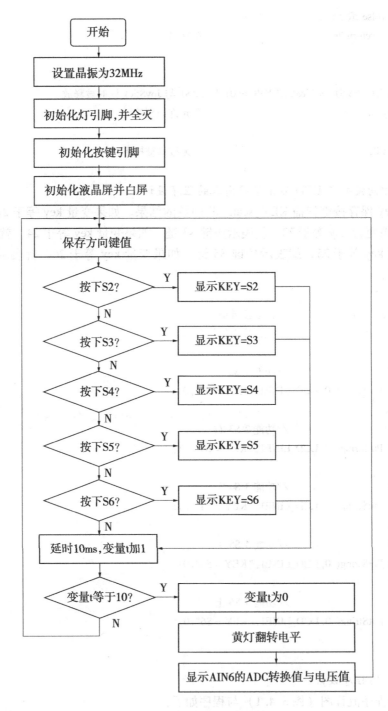

图 3.4.1 方向键的程序流程图

```
08    u8 t = 0, key = 0;
09    clockSetMainSrc('X', 32, 32);        //外部 32K, CPU 频率为 32MHz, 定时器频率为 32MHz
10    LED_Init();                           //初始化 LED 引脚
11    LED1G = 1;                            //LED1 绿灯灭
12    LED2R = 1;                            //LED2 红灯灭
13    LED3Y = 0;                            //LED3 黄灯灭
```

```
14    KEY_Init();            //初始化 KEY 引脚
15    LCD_Init();            //初始化液晶屏
16    LCD_Clear(0x00);       //清屏为白底
17    while(1)
18    { //处理 JS
19      key = KEY_scan_all(); //读取按键值
20      switch(key)           //根据按键值区分功能
21      {
22      case 22:              //功能 1 S2 中
23        LCD_PutString( 0, LCD_LINE1, "KEY = S2", 0);
24        break;
25      case 23:              //功能 2 S3 右
26        LCD_PutString( 0, LCD_LINE1, "KEY = S3", 0);
27        break;
28      case 24:              //功能 3 S4 左
29        LCD_PutString( 0, LCD_LINE1, "KEY = S4", 0);
30        break;
31      case 25:              //功能 4 S5 下
32        LCD_PutString( 0, LCD_LINE1, "KEY = S5", 0);
33        break;
34      case 26:              //功能 5 S6 上
35        LCD_PutString( 0, LCD_LINE1, "KEY = S6", 0);
36        break;
37      }
38      halMcuWaitMs(10);    //延时 10ms
39      t ++;                //次数加 1
40      if(key > 0) t = 10;
41      if(t == 10)          //每次 10ms, 10 次共 100ms
42      {
43        t = 0;             //次数归零
44        LED3Y = ! LED3Y;   //黄灯翻转
45        //显示 JS – ADC
46        v = get_ADC(6, 7); //读取通道 AIN6(P 0.6)的 ADC 转换值, 结果为 7 位二进制
47        vv = (u16)((fp32) v * 330.0/128.0);      //ADC 转换值转电压值的 100 倍
48        buf[0] = (vv/100) + '0';                 //整数的百位
49        buf[1] = '.';                            //小数点
50        buf[2] = ((vv%100)/10) + '0';            //整数的十位
51        buf[3] = (vv%10) + '0';                  //整数的个位
52        buf[4] = 'V';                            //电压单位
53        buf[5] = 0;                              //字符串结尾字节
54        if(key > 0)
55        {
56          LCD_PutString( 0, LCD_LINE3, "JSA6 = ", 0);
57          LCD_PutNumber(40, LCD_LINE3, v, 10, 4, 0);
```

```
58          LCD_PutString(85, LCD_LINE3, buf, 0);
59        }else{
60          LCD_PutString( 0, LCD_LINE2, "JSA6 = ", 0);
61          LCD_PutNumber(40, LCD_LINE2, v, 10, 4, 0);
62          LCD_PutString(85, LCD_LINE2, buf, 0);
63        }//KEY:无      S2 中     S3 右     S4 左     S5 下     S6 上
64        //ADC:0000     127       101       75        50        24
65        // V :0.00     3.27      2.60      1.93      1.28      0.61
66      }
67    }
68  }
```

将程序烧录到 Zigbee 板。液晶屏显示通道 AIN6 的 ADC 转换值与电压值，如图 3.4.2a 所示。按下 S2～S6 键，液晶屏如图 3.4.2b～图 3.4.2f 所示。

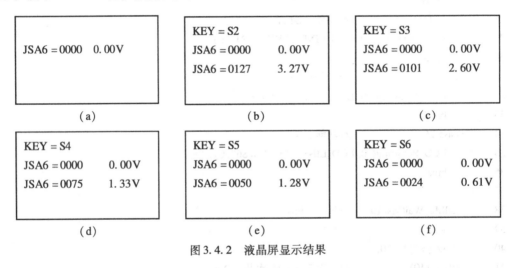

图 3.4.2　液晶屏显示结果

任务 3.5　中文字库

一、学习目标

(1) 学习 CC2530 三总线的用法。

(2) 学习从中文字库芯片读取中英文的点阵数据的方法。

(3) 学习在 LCD 指定行列以正白或反白显示中英文字符的方法。

(4) 学习 C 语言预编译的用法。

二、功能要求

本任务的具体要求与任务 3.4 一样，但需将原有英文改成中文。

三、电路工作原理

字库芯片选用高通科技 GT20L16S1Y。根据 LCD 液晶屏电路（图 1.0.7），SCK 连接

P1.5 引脚、SDA 连接 P1.6 引脚、RS 连接 P 0.0 引脚，CS 连接 P1.2 引脚，字库芯片 CS 连接 P 0.1 引脚，MISO 连接 P1.7 引脚。这里选择了 CC2530 的串行通信 1 的 Alt.2。整理成 I/O 分配表能更直观掌握电路的控制方法，如表 3.5.1 所示。

表 3.5.1　I/O 分配表

I/O 引脚	功能	设备	高电平	低电平
P 0.1	I/O 输出	字库的 CS	停止 SPI 通信	与字库进行 SPI 通信
P1.2	I/O 输出	LCD 的 CS	停止 SPI 通信	与 LCD 进行 SPI 通信
P 0.0	I/O 输出	LCD 的 RS	向 LCD 传输数据	向 LCD 传输指令
P1.5	SCK	LCD 的 SCK 与字库的 SCLK	—	—
P1.6	MOSI	LCD 的 SDA 与字库的 MOSI	—	—
P 1.7	MISO	字库 MISO	—	—
P2.0	I/O 输入	S2 ~ S6 键	按下	释放
P1.4	I/O 输出	黄灯 D3	亮	灭

四、软件设计

1. I/O 引脚的寄存器程序设计

P 0.1 引脚原来用于 S1 键，现在用于字库芯片的 CS 引脚。因此，需要删除 S1 键的程序。为了方便编程，这里使用 C 语言预编译方法。**预编译可让符合条件的程序加入编译而令其生效，也可让不符合条件的程序不加入编译而令其失效。**

预编译的编程步骤如下：

（1）定义预编译常量

```
#define ZK_EN        1        //1 开字库芯片,0 关字库芯片
```

（2）按键识别程序删除 S1 键

预编译语句以 "#if 编译条件" 开始，又以 "#endif" 结束。

```
01  u8 KEY_scan( void)
02  {
03      static u8 key_up = 1;
04      if(key_up == 1)
05      {
06  #if ZK_EN == 0        //预编译开始: 如果预编译常量等于 0,就令这段代码不加入编译
07      if(KEYS1 == 0)
08      {
09          ……
10      }
11  #endif                //预编译结束
12  }
```

（3）液晶屏初始化程序增加对字库 CS 引脚的初始化

```
01  #if ZK_EN == 0              //如果关闭字库芯片
02  void LCD_Init( void)        //直接初始化液晶屏
03  #else                      //否则开启字库芯片
04  void LCD_Load( void)        //将液晶屏初始化函数定义成另一个函数名
05  #endif
```

```
06   #if ZK_EN == 1              //如果开启字库芯片
07   #define   ZK_CS_SET   P0_1 = 1  //关闭字库芯片 CS
08   #define   ZK_CS_CLR   P0_1 = 0  //开启字库芯片 CS
09   void LCD_Init( void )        //初始化液晶屏
10   {
11       P0SEL &= ~0x02;          //普通引脚: P0.1
12       P0DIR |= 0x02;           //输出
13       P0INP &= ~0x02;          //上下拉电阻
14       ZK_CS_SET;               //字库 CS 引脚拉高
15       LCD_Load();              //初始化 LCD
16   }
#endif
```

2. 字库芯片显示中英文原理

字库芯片 GT20L16S1Y 包含 ASCII 与汉字两种字符集，还包含 9 种字号的字符，如表 3.5.2 所示。这里显示英文选用 96 个 8×16ASCII（起始地址：0x3B7C0），中文选用 6763 +376 个 GB2313 汉字与字符（起始地址：0x00000）。每个 8×16ASCII 由 16 字节组成，按表 3.5.3 排列。每个 GB2313 汉字由 32 字节组成，按表 3.5.4 排列。96 个 ASCII 码如表 3.5.5 所示。376 个 GB2313 字符如表 3.5.6 所示。

表 3.5.2　字库芯片的字符集、字号与起始地址

字符集	字库	字号	字符数	字体	排列方式	起始地址
ASCII 字符集	ASCII	5×7	96	标准	竖置横排	0x3BFC0
	ASCII	7×8	96	标准	竖置横排	0x66C0
	ASCII	8×16	96	标准	竖置横排	0x3B7C0
	ASCII	8×16	96	粗体	竖置横排	0x3CF80
	ASCII	16 点阵不等宽	96	Arial	竖置横排	0x3C2C0
	ASCII	16 点阵不等宽	96	Times New Roman	竖置横排	0x3D580
汉字字符集	GB2313 汉字	16×16	6763	宋体	竖置横排	0x00000
	GB2313 字符	16×16	376	宋体	竖置横排	0x00000
	扩展字符	16×16	126	宋体	竖置横排	0x3B7D0

表 3.5.3　8x16ASCII 字符

	第1列	第2列	第3列	第4列	第5列	第6列	第7列	第8列	……
第1行	Byte0	Byte1	Byte2	Byte3	Byte4	Byte5	Byte6	Byte7	
第2行	Byte8	Byte9	Byte10	Byte11	Byte12	Byte13	Byte14	Byte15	
……									

表 3.5.4　GB2313 汉字

	第1列	第2列	第3列	第4列	第5列	……	第16列	……
第1行	Byte0	Byte1	Byte2	Byte3	Byte4	……	Byte15	
第2行	Byte16	Byte17	Byte18	Byte19	Byte20	……	Byte31	
……								

表 3.5.5 8x16 点阵 ASCII 标准字符

	0	1	2	3	4	5	6	7	8	9	A	B	C	D	E	F
2		!	“	#	$	%	&	‘	(	)	*	+	,	-	.	/
3	0	1	2	3	4	5	6	7	8	9	:	;	<	=	>	?
4	@	A	B	C	D	E	F	G	H	I	J	K	L	M	N	O
5	P	Q	R	S	T	U	V	W	X	Y	Z	[	\	]	^	_
6	`	a	b	c	d	e	f	g	h	i	j	k	l	m	n	o
7	p	q	r	s	t	u	v	w	x	y	z	{	|	}	~	

表 3.5.6 376 个 GB2313 字符

A1	0	1	2	3	4	5	6	7	8	9	A	B	C	D	E	F
A			、	。	·	ˉ	ˇ	¨	〃	々	—	～	‖	…	‘	’
B	“	”	〔	〕	〈	〉	《	》	「	」	『	』	〖	〗	【	】
C	±	×	÷	∶	∧	∨	∑	∏	∪	∩	∈	∷	√	⊥	∥	∠
D	⌒	⊙	∫	∮	≡	≌	≈	∽	∝	≠	≮	≯	≤	≥	∞	∵
E	∴	♂	♀	°	′	″	℃	＄	¤	￠	￡	‰	§	№	☆	★
F	○	●	◎	◇	◆	□	■	△	▲	※	→	←	↑	↓	〓	

A2	0	1	2	3	4	5	6	7	8	9	A	B	C	D	E	F
A																
B		⒈	⒉	⒊	⒋	⒌	⒍	⒎	⒏	⒐	⒑	⒒	⒓	⒔	⒕	⒖
C	⒗	⒘	⒙	⒚	⒛	⑴	⑵	⑶	⑷	⑸	⑹	⑺	⑻	⑼	⑽	⑾
D	⑿	⒀	⒁	⒂	⒃	⒄	⒅	⒆	⒇	①	②	③	④	⑤	⑥	⑦
E	⑧	⑨	⑩	€		㈠	㈡	㈢	㈣	㈤	㈥	㈦	㈧	㈨	㈩	
F		Ⅰ	Ⅱ	Ⅲ	Ⅳ	Ⅴ	Ⅵ	Ⅶ	Ⅷ	Ⅸ	Ⅹ	Ⅺ	Ⅻ			

A3	0	1	2	3	4	5	6	7	8	9	A	B	C	D	E	F
A		！	＂	＃	￥	％	＆	＇	（	）	＊	＋	，	－	．	／
B	０	１	２	３	４	５	６	７	８	９	：	；	＜	＝	＞	？
C	＠	Ａ	Ｂ	Ｃ	Ｄ	Ｅ	Ｆ	Ｇ	Ｈ	Ｉ	Ｊ	Ｋ	Ｌ	Ｍ	Ｎ	Ｏ
D	Ｐ	Ｑ	Ｒ	Ｓ	Ｔ	Ｕ	Ｖ	Ｗ	Ｘ	Ｙ	Ｚ	［	＼	］	＾	＿
E	｀	ａ	ｂ	ｃ	ｄ	ｅ	ｆ	ｇ	ｈ	ｉ	ｊ	ｋ	ｌ	ｍ	ｎ	ｏ
F	ｐ	ｑ	ｒ	ｓ	ｔ	ｕ	ｖ	ｗ	ｘ	ｙ	ｚ	｛	｜	｝	￣	

A9	0	1	2	3	4	5	6	7	8	9	A	B	C	D	E	F
A					─	━	│	┃	┄	┅	┆	┇	┈	┉	┊	┋
B	┌	┍	┎	┏	┐	┑	┒	┓	└	┕	┖	┗	┘	┙	┚	┛
C	├	┝	┞	┟	┠	┡	┢	┣	┤	┥	┦	┧	┨	┩	┪	┫
D	┬	┭	┮	┯	┰	┱	┲	┳	┴	┵	┶	┷	┸	┹	┺	┻
E	┼	┽	┾	┿	╀	╁	╂	╃	╄	╅	╆	╇	╈	╉	╊	╋
F																

例如，中英文字符串"按 S2 中间键"对应 GB2313 码的十六进制码为"B0 B4 53 32 D6 D0 BC E4 BC FC"。其中"按"对应"B0 B4"，"S"对应"53"，"2"对应"32"，"中"对应"D6 D0"。可见，**中文由 2 个字节组成，而英文由 1 个字节组成**。识别中英文的程序如下：

```
01   u32 address;
02   u8 len = 32;                    //默认 32 个字节的点阵数据
03   if( font[0] == 0xA9 && font[1] > = 0xA1) // 376 个 GB2313 字符: 根据表 3.5.6 的第 4 个表格
04   {
05       address = (282 + ((u32)font[1] - 0xA1)) * 32 + ZK_GB2312;        //地址公式 1
06   }else if( font[0] > = 0xA1 && font[0] < = 0xA3 && font[1] > = 0xA1) //根据表 3.5.6 的第 1 - 3 个
     表格
07   {
08       address = (((u32)font[0] - 0xA1) * 94 + ((u32)font[1] - 0xA1)) * 32 + ZK_GB2312;//地址公式 2
09   }else if( font[0] > = 0xB0 && font[0] < = 0xF7 && font[1] > = 0xA1)   // 6763 个 GB2312 汉字
10   {
11       address = (((u32)font[0] - 0xB0) * 94 + ((u32)font[1] - 0xA1) + 846) * 32 + ZK_GB2312;//地址
     公式 3
12   }else if( font[0] > = 0x20 && font[0] < = 0x7E)       // 96 个 ASCII: 根据表 3.5.5 可知
13   {
14       address = (font[0] - 0x20) * 16 + ZK_ASCII;       //地址公式 4
15       len = 16;                        //16 个字节的点阵数据
16   }else                               //其他字符
17   {
18       return 0;
19   }
```

数组 font 为中英文字符串的首地址。font [0] 是第一个字节。如果它属于 96 个 ASCII 码，就按地址公式 4 计算。地址公式从字库芯片手册获得。

3．从字库芯片读取中英文点阵数据

根据字库芯片手册可知，字库芯片通信要点：SPI 工作模式 0、SCK 最高速率 80MHz、先发 MSB。因此，字库芯片与液晶屏可选用同一种三总线设置。

快速读取点阵数据指令（0x0B）可利用三总线从字库芯片 GT20L16S1Y 读取字符的点阵数据，如图 3.5.1 所示。由图可知，第 1 个字节是单片机向字库芯片发送指令 0x0B；第 2～4 个字节是单片机向字库芯片发送地址，按先高后低顺序发送；第 5 个字节是单片机向字库芯片发送无效字节 0xFF；从第 6 个字节起是单片机从字库芯片读字符的点阵数据。具体程序如下：

```
01   u8   i;
02   ZK_CS_CLR;                       //CS 引脚拉低
03   SPI_ReadWrite_Byte(0x0B);        //第 1 个字节 0x0B
04   SPI_ReadWrite_Byte( address >> 16);    //第 2 - 4 个字节是地址
05   SPI_ReadWrite_Byte( address >> 8);
06   SPI_ReadWrite_Byte( address);
07   SPI_ReadWrite_Byte(0xFF);        //第 5 个字节是 0xFF
```

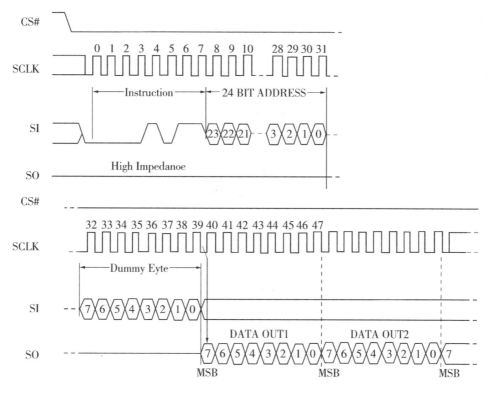

图 3.5.1　快速读取点阵数据指令 0x0B 时序

```
08    for( i = 0; i < len; i ++ )
09    {
10        buf[ i] = SPI_ReadWrite_Byte(0xFF); //读取点阵数据
11    }
12    ZK_CS_SET;                              //CS 引脚拉高
```

4. 重写显示字符与字符串函数的程序设计

（1）**显示字符函数 LCD_PutChar 用于显示 ASCII 码，根据表 3.5.3 的顺序显示到液晶屏上。**

（2）**显示字符串函数 LCD_PutString 用于显示中英文，根据表 3.5.3 的顺序显示英文，又根据表 3.5.4 的顺序显示中文到液晶屏上。英文在液晶屏上只需 8 列，而中文需 16 列。**

5. 中英文显示的程序设计

```
01    #include "led. h"
02    #include "LCD_SPI. h"
03    #include "joystick. h"
04    void main( void)
05    {
06        u8 buf[6];
07        u16 v = 0, vv = 0;
08        u8 t = 0, key = 0;
09        clockSetMainSrc('X', 32, 32);        //外部 32K, CPU 频率为 32MHz, 定时器频率为 32MHz
10        LED_Init();                          //初始化 LED 引脚
```

```
11      LED1G = 1;                    //LED1 绿灯灭
12      LED2R = 1;                    //LED2 红灯灭
13      LED3Y = 0;                    //LED3 黄灯灭
14      KEY_Init();                   //初始化 KEY 引脚
15      LCD_Init();                   //初始化液晶屏
16      LCD_Clear(0x00);              //清屏为白底
17      while(1)
18      {
19        key = KEY_scan_all();       //读取按键值
20        switch(key)                 //根据按键值区分功能
21        {
22        case 22:                    //功能 1 S2 中
23          LCD_PutString( 0, LCD_LINE1, "按 S2 中间键", 0);
24          break;
25        case 23:                    //功能 2 S3 右
26          LCD_PutString( 0, LCD_LINE1, "按 S3 向右键", 0);
27          break;
28        case 24:                    //功能 3 S4 左
29          LCD_PutString( 0, LCD_LINE1, "按 S4 向左键", 0);
30          break;
31        case 25:                    //功能 4 S5 下
32          LCD_PutString( 0, LCD_LINE1, "按 S5 向下键", 0);
33          break;
34        case 26:                    //功能 5 S6 上
35          LCD_PutString( 0, LCD_LINE1, "按 S6 向上键", 0);
36          break;
37        }
38        halMcuWaitMs(10);           //延时 10ms
39        t ++;                       //次数加 1
40        if( key > 0) t = 10;
41        if( t == 10)                //每次 10ms, 10 次共 100ms
42        {
43          t = 0;                    //次数归零
44          LED3Y = ! LED3Y;          //黄灯翻转
45          v = get_ADC(6,7);         //读取通道 AIN6( P 0.6) 的 ADC 转换值, 结果为 7 位二进制
46          vv = (u16)((fp32)v * 330.0/128.0);    //ADC 转换值转电压值的 100 倍
47          buf[0] = (vv/100) + '0';              //整数的百位
48          buf[1] = '.';                         //小数点
49          buf[2] = ((vv%100)/10) + '0';         //整数的十位
50          buf[3] = (vv%10) + '0';               //整数的个位
51          buf[4] = 'V';                         //电压单位
52          buf[5] = 0;                           //字符串结尾字节
```

```
53        if( key > 0)
54        {
55          LCD_PutString( 0, LCD_LINE3, "AIN6 = ", 0);
56          LCD_PutNumber(40, LCD_LINE3, v, 10, 4, 0);
57          LCD_PutString(85, LCD_LINE3, buf, 0);
58        }else{
59          LCD_PutString( 0, LCD_LINE2, "AIN6 = ", 0);
60          LCD_PutNumber(40, LCD_LINE2, v, 10, 4, 0);
61          LCD_PutString(85, LCD_LINE2, buf, 0);
62        }
63      }
64    }
65  }
```

将程序烧录到 Zigbee 板。液晶屏显示通道 AIN6 的 ADC 转换值与电压值，如图 3.5.2a 所示。按下 S2 ～ S6 键，液晶屏如图 3.5.2b ～图 3.5.2f 所示。

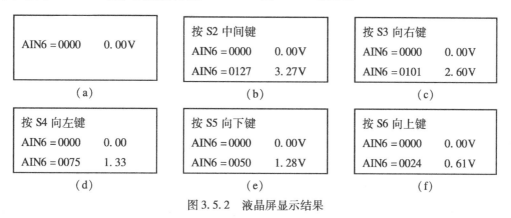

图 3.5.2　液晶屏显示结果

任务 3.6　红外遥控发射器

一、学习目标

（1）学习 CC2530 定时器 3 和 4 向上与向下模式溢出中断的用法。
（2）学习根据定时时间值计算定时器的分频比与比较值的方法。
（3）学习启动与停止定时器的方法。

二、功能要求

本任务的功能要求是用方向键的向上与向下键选择红外遥控按键名称，并显示到液晶屏上，用中键确定发出一次红外键码。

三、电路工作原理

根据红外发射二极管电路（图 3.0.2），其控制引脚连接 P 1.0 引脚。根据液晶屏电路

（图 1.0.7），还涉及 P1.2、P 0.0、P1.5、P1.6 引脚。根据方向键电路（图 3.0.3），S1 键连接 P 0.1 引脚，S2～S6 键中断引脚对应 P 2.0 引脚，P 0.6 引脚用于采集按键电压值。整理成 I/O 分配表能更直观掌握电路的控制方法，如表 3.6.1 所示。

表 3.6.1 I/O 分配表

I/O 引脚	功能	设备	高电平	低电平
P1.0	I/O 输出	红外发光二极管	发红外线	不发红外线
P1.2	I/O 输出	LCD 的 CS	停止 SPI 通信	与 LCD 进行 SPI 通信
P 0.0	I/O 输出	LCD 的 RS	向 LCD 传输数据	向 LCD 传输指令
P1.5	SCK	LCD 的 SCK	—	—
P1.6	MOSI	LCD 的 SDA	—	—
P 0.1	I/O 输入	S1 键	释放	按下
P 2.0	I/O 输入	S2～S6 键	按下	释放
P 0.6	模数转换	S2～S6 键	—	—
P1.4	I/O 输出	黄灯 D3	亮	灭

四、软件设计

1. 定时器的寄存器程序设计

本任务使用定时器 3 工作于向上与向下模式溢出中断实现红外遥控发射。其寄存器设置与任务 2.4 定时器溢出中断一样，具体如表 2.3.1～表 2.3.4 所示。

2. 定时器工作原理

（1）向上与向下模式的工作过程

向上与向下模式的工作过程是：定时器的计数值从 0 开始计数，每隔定时周期时间 T 就增加 1，直到比较值。至此，每隔定时周期时间 T 就减小 1，直到 0，此时发生定时器溢出中断，如图 3.6.1 所示。

（2）向上与向下模式的计数量

从图 3.6.1 所示，向上与向下模式运行一个周期的计数量计算公式为

$$计数量 = 比较值 \times 2 \tag{3.6-1}$$

因此，定时器 3 的计数量 = T3CC0 $\times 2$。

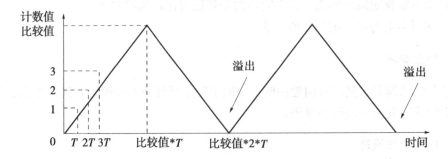

图 3.6.1 向上与向下模式的工作过程图

（3）定时器的定时周期 T

定时器的定时周期由定时器输入频率与分频比决定，其计算公式为

$$定时周期\ T = 分频比/定时器输入频率 \tag{3.6-2}$$

定时器输入频率由表 1.7.1 的 CLKCONCMD 寄存器第 3～5 位二进制位决定。

分频比由定时器 T3CTL 的第 5～7 位二进制位决定。

（4）向上与向下模式的定时时间

定时器的向上与向下模式的定时时间计算公式为

$$定时时间 = 计数量×定时周期 = （比较值×2）×分频比/定时器输入频率$$

$$\tag{3.6-3}$$

已知定时时间，求比较值的计算公式为

$$比较值 = 定时时间×定时器输入频率/分频比/2 \tag{3.6-4}$$

例如，已知定时器输入频率为 32MHz，要求实现 13μs 的定时时间，其比较值为

$$比较值 = 13μs×32MHz/分频比/2 = 208/分频比$$

将分频比代入式（3.6-4），求出比较值如表 3.6.2 所示。从表中可知，有 5 组有效数据，另外 3 组数据因取整数后误差较大而放弃。

表 3.6.2　分频比与比较值

分频比	比较值	备注	分频比	比较值	备注
1	208.0	有效	16	13.0	有效
2	105.0	有效	32	6.5	取整数后误差大
4	52.0	有效	64	3.3	取整数后误差大
8	26.0	有效	128	1.6	取整数后误差大

3．I/O 引脚的寄存器程序设计

正确设置 CC2530 的 PxSEL、PxDIR 与 PxINP 寄存器，才能使 I/O 工作于 I/O 输出。根据表 1.6.2、表 1.6.3、表 1.6.4，初始化 P1.0 引脚为 I/O 输出，具体程序如下：

```
01   #define RemoteLEDQ   P1_0          //红外发射引脚:1 亮,0 灭
02   P1SEL &= ~0x01;                    //普通引脚:P1.0
03   P1DIR |= 0x01;                     //输出
04   P1INP &= ~0x01;                    //上下拉电阻
05   RemotcLEDQ = 0;                    //RemoteLED 灭
```

4．38kHz 方波的程序设计

根据任务 3.2 与图 3.6.2 可知，红外遥控涉及 38kHz 载波、9ms、4.5ms、1.68ms 以及 0.56ms 共五个时间。有的程序使用两个定时器，一个用于 38kHz 方波，另一个用于实现后面四个时间。为了节约定时器的数量，这里使用一个定时器实现上述五个时间。

根据任务 1.6 的 I/O 引脚翻转电平的方法，令 P1.0 引脚输出方波，如图 3.6.3 所示。引脚需要翻转两次才能形成一个周期的方波。对于 38kHz 方波，P1.0 引脚需要 13μs 翻转一次电平。因此，定时器 3 的定时时间为 13μs。

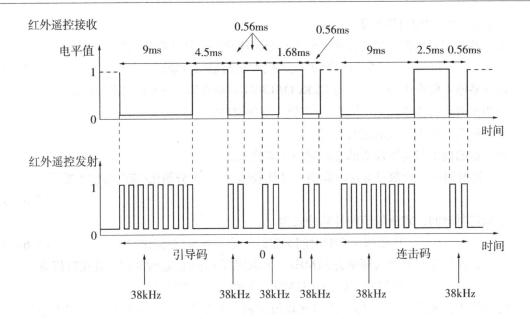

图 3.6.2　红外遥控接收与发射

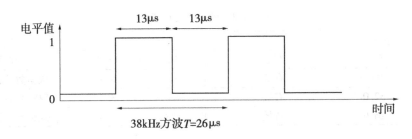

图 3.6.3　引脚产生方波

初始化定时器 3 为 13μs 的向上与向下模式，分频比选择 2，比较值取 105，具体程序如下：

```
01   T3CCTL0 = 0x40;               //打开通道 0 的中断, 关闭比较模式
02   T3CC0  = 105;                 //从 0 计数到 T3CC0 再到 0
03   T3CTL &= ~0xE3;
04   T3CTL |= (1 << 5);            //2 分频
05   T3CTL |= 0x08;                //允许中断
06   T3CTL |= 0x03;                //向下与向下模式
07   T3IF = 0;                     //清除定时器 3 中断
08   T3IE = 1;                     //打开 TIM3 中断
09   T3CTL |= 0x10;                //启动定时器
10   EA = 1;                       //打开全部中断
```

设置变量 RemoteLED_t 用于判断要不要进行 38kHz 方波的产生。如果变量 RemoteLED_t 大于 0，就翻转引脚电平。如果变量 RemoteLED_t 为 0，引脚输出低电平熄灭红外线。定时器 3 的中断服务函数完成方波的产生，具体程序如下：

```
01   u16 RemoteLED_t = 0;          //发红外线的时间
```

```
02    #pragma vector = T3_VECTOR              //中断号为 T3 中断
03    __interrupt void T3_ISR( void)          //定时器 T3 中断处理函数
04    {
05      if( RemoteLED_t > 0)
06      {
07        RemoteLED_t -- ;                     //发红外线的时间减 1
08        RemoteLEDQ = ! RemoteLEDQ;           //发 38kHz 载波红外线
09      }else   RemoteLEDQ = 0;                //不发红外线
10    }
```

5. 四个红外遥控时间的程序设计

9ms、4.5ms、1.68ms 与 0.56ms 这四个红外遥控时间与 13μs 的关系如表 3.6.3 所示。

表 3.6.3　四个红外遥控时间与 13μs 的关系

红外遥控时间（μs）	13μs	比例值	红外遥控时间（μs）	13μs	比例值
9000	13	692	1680	13	129
4500	13	346	560	13	43

这四个时间有的用于产生 38kHz 载波红外线延时，用变量 RemoteLED_t 实现；有的用于不产生红外线的延时，用变量 RemoteLED_t_stop 实现。具体程序如下：

```
01    u16 RemoteLED_t = 0;                    //发红外线的时间
02    u16 RemoteLED_t_stop = 0;               //不发红外线的时间
03    #pragma vector = T3_VECTOR              //中断号为 T3 中断
04    __interrupt void T3_ISR( void)          //定时器 T3 中断处理函数
05    {
06      if( RemoteLED_t > 0)
07      {
08        RemoteLED_t -- ;                     //发红外线的时间减 1
09        RemoteLEDQ = ! RemoteLEDQ;           //发 38kHz 载波红外线
10      }else   RemoteLEDQ = 0;                //不发红外线
11      if( RemoteLED_t_stop > 0) RemoteLED_t_stop -- ;//不发红外线的时间减 1
12    }
```

6. 发送红外遥控码的程序设计

根据图 3.6.2 的时序实现发送红外遥控码，具体程序如下：

```
01    #pragma optimize = none         //不允许 IAR 软件对本函数进行任何优化
02    void RemoteLEDISR_Send(u32 byte)
03    { u8 i;
04      RemoteLED_t = 692;            //引导码:9000us/13 = 692
05      while( RemoteLED_t > 0) {NOP( ) ; }
06      RemoteLED_t_stop = 346;       //引导码:4500us/13 = 346
07      while( RemoteLED_t_stop > 0) {NOP( ) ; }
08      RemoteLED_t = 43;             //引导码:560us/13 = 43
```

```
09      while( RemoteLED_t > 0) {NOP( ); }
10      for( i = 0; i < 32; i ++ )        //32 位数据: 1. 68msH + 0. 56msL = '1', 0. 56msH + 0. 56msL = '0'
11      {
12        if((byte & 0x01)! = 0) RemoteLED_t_stop = 129;        //发射'1': 1680us/13 = 129
13        else RemoteLED_t_stop = 43;                           //发射'0': 560us/13 = 43
14        while( RemoteLED_t_stop > 0) {NOP( ); }
15        byte >> = 1;
16        RemoteLED_t = 43;                                     //560us/13 = 43
17        while( RemoteLED_t > 0) {NOP( ); }
18      }
19    }
```

7. 定义红外遥控码与名称的程序设计

红外遥控码用 __code 关键字保存到 FLASH 中, 而名称保存到 RAM 中, 具体程序如下:

__code const u32 Remote_CODE[21] = {	const u8 Remote_NAME[21][5] = {
0xE916FF00, //0	" 0 ",
0xE619FF00, //100 +	"100 +",
0xF20DFF00, //200 +	"200 +",
0xF30CFF00, //1	" 1 ",
0xE718FF00, //2	" 2 ",
0xA15EFF00, //3	" 3 ",
0xF708FF00, //4	" 4 ",
0xE31CFF00, //5	" 5 ",
0xA55AFF00, //6	" 6 ",
0xBD42FF00, //7	" 7 ",
0xAD52FF00, //8	" 8 ",
0xB54AFF00, //9	" 9 ",
0xBA45FF00, //CH –	"CH – ",
0xB946FF00, //CH	"CH ",
0xB847FF00, //CH +	"CH + ",
0xBB44FF00, //PREV	"PREV",
0xBF40FF00, //NEXT	"NEXT",
0xBC43FF00, //PLAY	"PLAY",
0xF807FF00, //VOL –	"VOL – ",
0xEA15FF00, //VOL +	"VOL + ",
0xF609FF00, //EQ	"EQ ",
};	};

8. 红外遥控发射器的程序设计

红外遥控发射器的程序流程图 (图 3. 6. 4) 与具体程序如下:

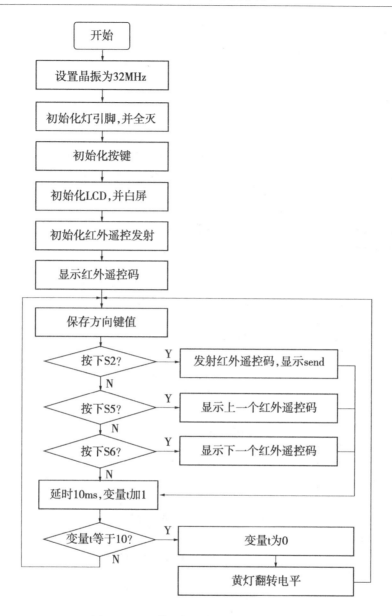

图 3.6.4 红外遥控发射器的程序流程图

```
01   #include "led. h"
02   #include "LCD_SPI. h"
03   #include "joystick. h"
04   #include "RemoteSend. h"
05   void main( void)
06   {
07       u8 t = 0, key = 0;
08       u8 order = 0;
09       clockSetMainSrc( 'X' , 32, 32) ;         //外部 32K, CPU 频率为 32MHz, 定时器频率为 32MHz
10       LED_Init( ) ;                            //初始化 LED 引脚
11       LED1G = 1;                               //LED1 绿灯灭
```

```
12    LED2R = 1;                              //LED2 红灯灭
13    LED3Y = 0;                              //LED3 黄灯灭
14    KEY_Init();                             //初始化 KEY 引脚
15    LCD_Init();                             //初始化液晶屏
16    LCD_Clear(0x00);                        //清屏为白底
17    RemoteLED_Init();                       //初始化红外遥控发射器
18    LCD_PutNumber( 0, LCD_LINE1, order, 10, 2, 0);
19    LCD_PutString( 0, LCD_LINE2, (u8 *)&Remote_NAME[order][0], 0);
20    LCD_PutNumber(50, LCD_LINE2, Remote_CODE[order], 16, 8, 0);
21    while(1)
22    {
23      key = KEY_scan_all();                 //读取按键值
24      switch(key)
25      {
26      case 22:                              //功能 1 S2 中 发射红外遥控码
27        RemoteLEDISR_Send(Remote_CODE[order]);//发射红外遥控码
28        LCD_PutString( 0, LCD_LINE4, "send", 0);       //显示文字
29        LCD_PutNumber(32, LCD_LINE4, order, 10, 2, 0);
30        break;
31      case 25:            //功能 2 S5 下 上一个红外遥控码
32        if(order == 0) order = 21;//如果序号到零, 就跳到最高序号
33        order --;         //序号减 1
34        LCD_PutNumber( 0, LCD_LINE1, order, 10, 2, 0);
35        LCD_PutString( 0, LCD_LINE2, (u8 *)&Remote_NAME[order][0], 0);
36        LCD_PutNumber(50, LCD_LINE2, Remote_CODE[order], 16, 8, 0);
37        LCD_PutString( 0, LCD_LINE4, "           ", 0);
38        break;
39      case 26:            //功能 3 S6 上 下一个红外遥控码
40        order ++;         //序号加 1
41        if(order > = 21) order = 0;//如果序号到最高序号, 就跳到零
42        LCD_PutNumber( 0, LCD_LINE1, order, 10, 2, 0);
43        LCD_PutString( 0, LCD_LINE2, (u8 *)&Remote_NAME[order][0], 0);
44        LCD_PutNumber(50, LCD_LINE2, Remote_CODE[order], 16, 8, 0);
45        LCD_PutString( 0, LCD_LINE4, "           ", 0);
46        break;
47      }
48      halMcuWaitMs(10);//延时 10ms
49      t ++;             //次数加 1
50      if(t == 10)       //每次 10ms, 10 次共 100ms
51      {
52        t = 0;          //次数归零
53        LED3Y = !LED3Y;//黄灯翻转
54      }
55    }
56  }
```

准备两块 Zigbee 板。一块烧录任务 3.2 的程序, 另一块烧录本程序。本程序板的液晶

屏显示格式如图 3.6.5a 所示。在复位后显示第一个红外遥控码,如图 3.6.5b 所示。按一下 S5 键,显示上一个红外遥控码,如图 3.6.5c 所示。在复位后按一下 S6 键,显示下一个红外遥控码,如图 3.6.5d 所示。按 S2 键,发射红外遥控码,如图 3.6.5e 所示。

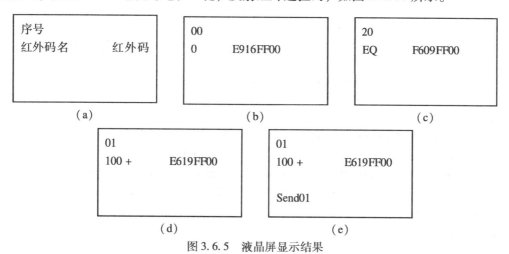

图 3.6.5 液晶屏显示结果

任务 3.7 带远程修改红外码的红外遥控发射器

一、学习目标

学习利用串口向红外遥控发射器发送红外码。

二、功能要求

本任务的功能要求是利用串口向红外遥控发射器发送一个红外码,显示在液晶屏,并发射出去。

三、软件设计

1. 串口发送红外码的程序设计

根据表 3.7.1 串口通信协议,指令的长度均为 10,并且第 2 与第 3 字节用于区分指令,第 4～7 字节为红外键码。具体程序如下:

表 3.7.1 串口通信协议

PC 发送数据（十六进制）	Zigbee 回复数据（十六进制）	功能
00 00 57 30 C1 C2 C3 C4 0D 0A	无	更新红外码: C1 表示 24－31 位字节 C2 表示 16－23 位字节 C3 表示 8－15 位字节 C4 表示 0－7 位字节

```
01   u32  rcode;
02   u8   buf[20];
03   u8   rxlen = 0;
```

```
04    clockSetMainSrc('X', 32, 32);              //外部 32K, CPU 频率为 32MHz, 定时器频率为 32MHz
05    COM_Init(BAUD_9600);                       //初始化串口
06    rxlen = COM_Getarr(buf);                   //读取串口数据, 必须以 0x0D 0x0A 结尾
07    if(rxlen == 10)                            //如果读到数量, 就表示已接收到数据
08    {
09       if(buf[2] == 'W' && buf[3] == '0')//00 00 W 0 C1 C2 C3 C4 0D 0A 修改红外码
10       {
11          rcode = BUILD_UINT32(buf[7], buf[6], buf[5], buf[4]);
12       }
13    }
```

2. 红外码发射与显示的程序设计

```
01    RemoteLEDISR_Send(rcode);                        //发射红外遥控码
02    LCD_PutNumber(0, LCD_LINE1, rcode, 16, 8, 0);    //以 8 位十六进制显示红外遥控码
```

3. 带远程修改红外码的红外遥控发射器的程序设计

```
01    #include "led. h"
02    #include "LCD_SPI. h"
03    #include "usart. h"
04    #include "RemoteSend. h"
05    #include "hal_types. h"
06    void main(void)
07    {
08       u32  rcode;
09       u8   buf[20];
10       u8   rxlen = 0;
11       clockSetMainSrc('X', 32, 32);//外部 32K, CPU 频率为 32MHz, 定时器频率为 32MHz
12       LED_Init();                          //初始化 LED 引脚
13       LED1G = 1;                           //LED1 绿灯灭
14       LED2R = 1;                           //LED2 红灯灭
15       LED3Y = 0;                           //LED3 黄灯灭
16       LCD_Init();                          //初始化液晶屏
17       LCD_Clear(0x00);                     //清屏为白底
18       COM_Init(BAUD_9600);                 //初始化串口
19       RemoteLED_Init();                    //初始化红外遥控发射器
20       while(1)
21       {                                    //处理串口接收数据
22          rxlen = COM_Getarr(buf);          //读取串口数据, 必须以 0x0D 0x0A 结尾
23          if(rxlen == 10)                   //如果读到数量, 就表示已接收到数据
24          {
25             if(buf[2] == 'W' && buf[3] == '0')//00 00 W 0 C1 C2 C3 C4 0D 0A
26             {
27                rcode = BUILD_UINT32(buf[7], buf[6], buf[5], buf[4]);
28                RemoteLEDISR_Send(rcode);//发射红外遥控码
29                LCD_PutNumber(0, LCD_LINE1, rcode, 16, 8, 0);
30             }
31          }
32       LED3Y = !LED3Y;                      //黄灯翻转
```

```
33      halMcuWaitMs(100);                    //延时100ms
34      }
35   }
```

准备两块 Zigbee 板。一块烧录任务 3.3 的程序,另一块烧录本程序。打开 PC 软件,选择本程序板对应的串口号,设置波特率为 9600、校验位为偶,如图 3.7.1 所示。复位本程序板,液晶屏显示白屏,如图 3.7.2a 所示。在软件选择"红灯亮",点击右边的"发送",红外码会显示在液晶屏上,并通过红外二极管发送出去,如图 3.7.2b 所示。另一块板按任务 3.3 显示红外遥控接收情况。

首先,选择任务 3.3 板的串口,设置波特率为 9600、校验位为偶。打开串口,利用软件向任务 3.3 板发送红灯的四种红外遥控码。关闭串口。

图 3.7.1　PC 软件

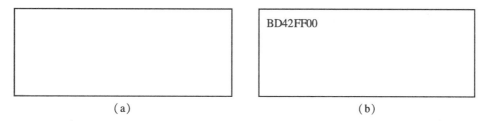

(a)　　　　　　　　　　　　　　　　　　　(b)

图 3.7.2　液晶屏显示结果

再选择本任务板的串口,设置波特率为 9600、校验位为偶。打开串口,利用软件从下拉列表选择红外遥控发射器的指令,向本任务板发送其中一种红外遥控码。例如,从下拉列表选择"红灯亮"指令,点击"发送"。软件通过串口向本任务板发送红灯亮的红外码 0xBD42FF00。本任务板利用红外发射二极管将这个红外码发向任务 3.3 板。

最后,任务 3.3 板根据收到的红外码,控制红灯的亮灭。例如,任务 3.3 板收到红外码 0xBD42FF00,识别出为红灯亮的指令,令红灯点亮。

项目 4　温湿度开关系统

学习目标	1. 掌握温湿度开关软件应用的技能	工具软件应用
	2. 学习 CC2530 的温湿度电路的设计	硬件电路设计
	3. 学习 CC2530 的继电器电路的设计	
	4. 学习修改 Z-Stack 协议栈的 PANID 与信道的用法	软件程序设计
	5. 学习修改 Z-Stack 协议栈的灯、按键、液晶屏与串口的用法	
	6. 学习 Z-Stack 协议栈的单播通信与广播通信的用法	
	7. 学习 Z-Stack 协议栈事件与软定时器的用法	
	8. 学习利用广播通信实现检测设备是否在线的方法	
	9. 学习利用单播通信实现远程控制继电器的方法	
	10. 学习利用单播通信实现远程读取传感器数据的方法	
	11. 学习利用事件与软定时器实现周期性读取传感器数据的方法	
	12. 学习将大延时转化为"工作时序"这种编程思想的应用	编程思想学习
	13. 学习利用 CC2530 开发温湿度开关系统	项目综合应用

一、项目功能需求分析

客户对温湿度开关系统的具体要求如下：

（1）利用软件能够读取传感器的温度与湿度。

（2）利用按键能够控制继电器的闭合与断开。

（3）多个温湿度开关系统能自组网。

（4）利用软件能够控制读取到多个开关的温度与湿度，能够远程控制继电器的闭合与断开。

二、项目系统结构设计

为了满足客户的需求，温湿度开关板需要 1 路 JoyStick 方向键、1 块字库芯片、1 块液晶屏、1 路温湿度传感器、2 路继电器以及 1 个 USB 转串口电路，如图 4.0.1 所示。

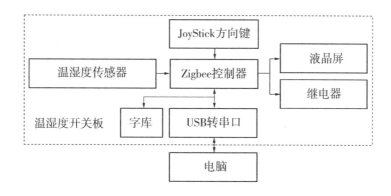

图 4.0.1 温湿度开关板的结构图

单机运行温湿度开关时，能够利用方向键控制继电器的闭合与断开，能够读取传感器的温度与湿度，并显示到液晶屏上，也通过 USB 转串口传到电脑的软件。

多机自组网温湿度开关时，能够利用电脑软件通过协调器远程读取终端节点的温度与湿度，也能远程控制终端节点的继电器的闭合与断开。

三、项目硬件设计

项目硬件设计需要满足项目系统结构的功能要求，分为温湿度传感器电路、继电器电路、字库电路、液晶屏电路、JoyStick 方向键电路、USB 转串口电路、最小系统、电源电路、复位电路与仿真接口电路共九个部分，其中有七个部分已经讲过，详情请查看前三个项目。

1. 温湿度电路设计

温湿度电路选用 DHT11 传感器。DHT11 是一款有已校准数字信号输出的温湿度传感器。其量程：湿度为（20% ～ 90%）RH，温度为 0 ～ 50℃；其精度：湿度为 ±5% RH，温度为 ±2℃。DHT11 使用一根引脚就能读取温度与湿度，如图 4.0.2 所示。

2. 继电器电路设计

继电器跟红外发射二极管一样，属于大功率设备，无法使用 I/O 引脚直接驱动，需要使用三极管来驱动，如图 4.0.3 所示。三极管 Q5 与 Q6 也可以使用 S8050。继电器一般有五个引脚，分别是线圈两个引脚、开关公共端（如图 4.0.3 的 L）、常开端（如图 4.0.3 的 OUTO1 与 OUTO2）、常闭端（如图 4.0.3 的 OUTC1 与 OUTC2）。继电器是通

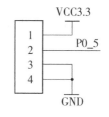

DHT11/DS18B20
图 4.0.2 温湿度电路

过给线圈通电产生磁性，将开关吸下来，令开关公共端与常开端接通；当线圈断电失去磁性，开关在自身弹性作用下恢复原来位置，令开关公共端与常闭端接通。线圈在通电与断电时产生感应电动势，其瞬时电压很高，会烧坏电路板其他电子元器件。为了消除此感应电动势，在线圈两端反向并联二极管，其中反向是指二极管的负极连接到线圈高压端。这里选用整流二极管 1N4007。为了清晰查看线圈是否通电，再并联一路工作指示灯（如图 4.0.3 的电阻 R18 与发光二极管 D5）。当线圈通电时，工作指示灯亮；当线圈断电时，工作指示灯灭。

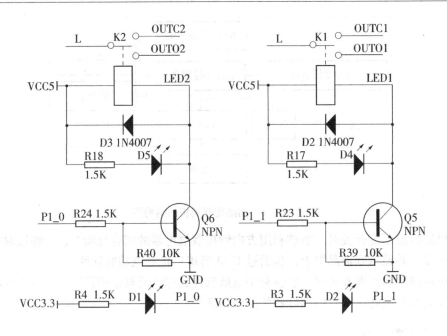

图 4.0.3　继电器电路

四、项目软件设计

为了实现项目功能需求分析的四个功能要求，设计了 3 个任务，从易到难，从简到繁，逐步完善温湿度开关系统，如表 4.0.1 所示。项目需要用到安装 Z-Stack 协议栈、修改 PAN-ID 与信道、修改 Z-Stack 协议栈的灯、按键、液晶屏与串口程序、Z-Stack 协议栈单播通信与广播通信、事件与软定时器等知识点与技能。现设立三个任务来学习这些知识点。

表 4.0.1　交通灯任务表

序号	任务名称	任务内容	知识点与技能
1	修改 PANID 与信道	修改 Z-Stack 协议栈的 PANID 与信道	安装 Z-Stack 协议栈，修改 PANID 与信道
2	修改灯、按键、液晶屏与串口	利用按键向串口发送不同字符，也将串口收到的数据显示到液晶屏上	修改 Z-Stack 协议栈的灯、按键、液晶屏与串口程序
3	温湿度开关	（1）利用电脑软件远程检测在线设备；（2）定时采集传感器的温度与湿度，并上传到电脑软件；（3）利用电脑软件远程控制继电器闭合与断开	Z-Stack 协议栈单播通信与广播通信、事件与软定时器

五、项目调试与测试

准备三块 Zigbee 板。一块烧录任务 4.3 的协调器程序，另两块烧录任务 4.3 的终端节点程序。打开 PC 软件（图 4.3.4），选择协调器板对应的串口号，设置波特率为 38400、校验位为无。点击"在线检测"，过一会，在左侧下拉列表框就显示各终端节点的短地址。选择短地址，可以查看该设备的温度与湿度，也可以利用"灭"、"亮"、"翻转"与"闪"四个按钮远程控制继电器。

六、项目总结

1. 温湿度开关系统的总结

开展一个项目，需要完成功能需求分析、系统结构、硬件、软件与调试五大部分。分析客户的功能需求，设计出一个适合的系统结构，从硬件与软件两方面实现全部功能，最后经过软硬件联调，检验硬件与软件是否存在设计上的缺陷。如果存在硬件或软件上的缺陷，就需要逐一排除，查找问题所在，再解决问题。这样才能将项目成果交给客户。

本项目拆分为3个任务来完成温湿度开关系统。

2. 技术总结

借助温湿度开关系统，本项目学习了三方面内容：

（1）关于工具软件，学习了温湿度开关软件的应用。

（2）关于硬件电路设计，学习了CC2530的温湿度电路与继电器电路的设计。

（3）关于软件程序编写，学习了Z-Stack协议栈的安装、修改PANID与信道、移植灯、按键、液晶屏与串口；学习了Z-Stack协议栈的串口发送与串口接收，实现PC与Zigbee板之间的通信；学习了单播与广播通信、无线发射与无线接收；还学习了事件与软定时器，并实现周期性读取传感器数据。

学习CC2530还需要多实操，从实操中学习知识与技能，再利用知识与技能指导实操，提高实操的成功率。

任务4.1　修改PANID与信道

一、学习目标

（1）学习安装Z-Stack协议栈的方法。

（2）了解Z-Stack协议栈三种设备的作用。

（3）学习打开Z-Stack协议栈的工程文件的方法。

（4）学习修改Z-Stack协议栈PANID与信道的方法。

二、功能要求

本任务的功能要求是修改Z-Stack协议栈的PANID与信道。

三、软件设计

1. 安装Z-Stack协议栈

运行安装包"ZStack－CC2530－2.5.1a.exe"，安装Z-Stack协议栈。这是免费软件，安装方法简单，此处不做详细演示。Z-Stack协议栈的默认安装目录是"C：\ Texas Instruments \ ZStack－CC2530－2.5.1a"。也可以选择安装在其他分区。

2．Z-Stack 协议栈的三种设备

Z-Stack 协议栈包含协调器（Coordinator）、路由器（Router）与终端节点（EndDevice）三种。

协调器是无线网络的主机，整个无线网络只允许有一个协调器，主要用于建立无线网络，并给路由器与终端节点分配无线短地址。

路由器是无线网络的中间节点，为无法直接连接协调器的终端节点提供中继服务，主要用于扩大无线网络的覆盖范围。

终端节点可以安装传感器采集数据，也可以安装执行机构远程控制设备。

3．打开 Z-Stack 协议栈的工程文件

Z-Stack 协议栈包括多个例程，包括 GenericApp、SampleApp、SimpleApp、SampleLight 与 SampleSwitch 等。这里主要介绍 GenericApp 例程的应用。按 Z-Stack 协议栈默认安装目录来打开工程文件，其路径为"ZStack – CC2530 – 2.5.1a \ Projects \ zstack \ Samples \ GenericApp \ CC2530DB \ GenericApp. eww"。打开工程文件后，左侧为工程文件包括的 C 文件与 H 头文件。

工程文件的左上角选中"CoordinatorEB"，编译工程文件，结果为协调器的程序。如果选中"RouterEB"，编译结果为路由器的程序。如果选中"EndDeviceEB"，编译结果为终端节点的程序。

这三种设备共用 C 语言文件，为了编译出不同结果，增加 C 语言的预编译，令不同代码加入编译。在 GenericApp_Init 函数最后添加预编译代码，区分三种设备，程序如下：

```
01   #if defined ( ZDO_COORDINATOR )          //协调器的预编译
02   HalLedBlink( HAL_LED_1, 1, 50, 500 );    //慢闪 1 次
03   #elif defined( RTR_NWK )                  //路由器的预编译
04   HalLedBlink( HAL_LED_1, 2, 50, 300 );    //闪烁 2 次
05   #else                                     //其他设备，即终端节点
06   HalLedBlink( HAL_LED_1, 3, 50, 100 );    //快闪 3 次
07   #endif
```

4．修改 Z-Stack 协议栈的 PANID 与信道

根据任务 1.15 可知，CC2530 组成同一无线网络的条件是具有相同的 PANID 与信道。这也能用于 Z-Stack 协议栈。修改 PANID 与信道的方法是打开左侧工程文件"Tools/f8wConfig. cfg"。选项"DDEFAULT_CHANLIST"用于设置信道，选项"DZDAPP_CONFIG_PAN_ID"用于设置 PANID，如图 4.1.1 所示。信道取值范围为 11 ～ 26，每个信道占用一行，其中前两个字符"//"表示此行信道不使用。信道默认使用 11，PANID 默认使用 0xFFFF。修改信道为 12，PANID 为 0x1234，如图 4.1.1 所示。

图 4.1.1　工程文件

准备三块 Zigbee 板，分别烧录协调器、路由器与终端节点的程序。成功组网后，D3 黄灯会常亮。因为协调器与终端节点很近，这两者能够直接进行无线通信，所以路由器未能发挥其真正作用。

完整程序请参看电子资源之源代码"任务 4.1"。

任务 4.2　修改灯、按键、液晶屏与串口

一、学习目标

（1）学习修改 Z-Stack 协议栈灯程序的方法。

（2）学习修改与使用 Z-Stack 协议栈按键程序的方法。

（3）学习修改与使用 Z-Stack 协议栈液晶屏程序的方法。

（4）学习修改与使用 Z-Stack 协议栈串口程序的方法。

二、功能要求

本任务的功能要求是，利用按键向串口发送不同字符，并将串口收到的数据显示到液晶屏上。

三、电路工作原理

继电器电路与灯电路均与 Z-Stack 协议栈一样。按键包括 S1 键与方向键。液晶屏还包

括了字库芯片。整理成 I/O 分配表能更直观掌握电路的控制方法，如表 4.2.1 所示。

表 4.2.1 I/O 分配表

I/O 引脚	功能	设备	高电平	低电平
P0.1	I/O 输入	S1 键	释放	按下
	I/O 输出	字库的 CS	停止 SPI 通信	与字库进行 SPI 通信
P2.0	I/O 输入	S2～S6 键	按下	释放
P0.6	模数转换	S2～S6 键	—	—
P1.2	I/O 输出	LCD 的 CS	停止 SPI 通信	与 LCD 进行 SPI 通信
P0.0	I/O 输出	LCD 的 RS	向 LCD 传输数据	向 LCD 传输指令
P1.5	SCK	LCD 的 SCK	—	—
P1.6	MOSI	LCD 的 SDA	—	—
P1.7	MISO	字库的 MISO	—	—
P0.2	RXD	CH340 的 TXD	—	—
P0.3	TXD	CH340 的 RXD	—	—
P1.0	I/O 输出	绿灯 D1	灭	亮
	I/O 输出	继电器	闭合	断开
P1.1	I/O 输出	红灯 D2	灭	亮
	I/O 输出	继电器	闭合	断开
P1.4	I/O 输出	黄灯 D3	亮（成功组网）	灭（未组网）

四、软件设计

1. Z-Stack 协议栈相关函数的程序设计

（1）初始化液晶屏与字库芯片

形参：无。

返回值：无。

void HalLcdInit (void);

（2）在行号为 pline 显示字符串

形参：str 是字符串；

　　　pline 是行号。

返回值：无。

void HalLcdWriteString (char * str, uint8 pline);

（3）在行号为 pline 以 radix 进制显示整数

形参：value 是 32 位整数；

　　　radix 是多少进制；

　　　pline 是行号。

返回值：无。

void HalLcdWriteValue (uint32 value, const uint8 radix, uint8 pline);

（4）在前两行显示字符串

形参：line1 是在第一行显示的字符串；

line2 是在第二行显示的字符串。

返回值：无。

void HalLcdWriteScreen(char ＊line1, char ＊line2);

（5）在行号为 line 先显示字符串 title，再以 format 进制显示整数 value

形参：title 是字符串；

value 是 16 位整数；

format 是多少进制；

line 是行号。

返回值：无。

void HalLcdWriteStringValue(char ＊title, uint16 value, uint8 format, uint8 line);

（6）在行号为 line 先显示字符串，再以 format1 进制显示整数 value1，再以 format2 进制显示整数 value2

形参：title 是字符串；

value1 是 16 位整数；

format1 是多少进制；

value2 是 16 位整数；

format2 是多少进制；

line 是行号。

返回值：无。

void HalLcdWriteStringValueValue(char ＊title, uint16 value1, uint8 format1, uint16 value2, uint8 format2, uint8 line);

（7）在第一行显示字符串 title，并在第二行显示进度 value

形参：title 是第一行的字符串；

value 是百分比整数，在第二行先以 1 个 ＞表示 10、1 个 ＋表示 5 显示进度符号，再显示进度值。

返回值：无。

void HalLcdDisplayPercentBar(char ＊title, uint8 value);

（8）将整数 l 以 radix 进制形式转成字符串，并保存到数组 buf

形参：l 是 32 位整数；

buf 是数组，用于保存字符串；

radix 是多少进制。

返回值：字符串。

unsigned char ＊ _ltoa(unsigned long l, unsigned char ＊ buf, unsigned char radix);

（9）初始化串口

形参：无。

返回值：无。

void MT_UartInit ( );

（10）将串口接收的数据发向指定任务 ID 的应用层任务

形参：taskID 是 Z-Stack 协议栈应用层的任务 ID。

返回值：无。

void MT_UartRegisterTaskID(byte taskID);

（11）向串口 port 发送长度为 len 的数组 buf

形参：port 默认是串口 0，即其值为 0；

buf 是数组，待发送的数据；

len 是发送的字节数量。

返回值：实际发送的字节数量。

uint16 HalUARTWrite(uint8 port, uint8 ∗buf, uint16 len)；

（12）处理按键

形参：shift 是是否按下 S1 键：0 表示未按下，1 表示已按下；

keys 是所有方向键值，每个键占一个二进制位。

返回值：无。

static void GenericApp_HandleKeys(uint8 shift, uint8 keys)；

（13）处理收到无线的数据

形参：pkt 的数据类型为 afIncomingMSGPacket_t，保存无线数据。

返回值：无。

static void GenericApp_MessageMSGCB(afIncomingMSGPacket_t ∗pkt)；

2．液晶屏的程序设计

本 Zigbee 板使用的液晶屏与 Z-Stack 协议栈使用相同的 I/O 引脚，但程序不相同。因此，需要删除原有程序，又为了让 Z-Stack 协议栈各例程均正常编译，需保留原来的函数名。液晶屏的程序包括 "HAL \ Target \ CC2530EB \ Drivers \ hal_lcd. c" 与 "hal_lcd. h" 两个文件。由于修改的代码幅度比较大，这里不做详细说明，具体请查看电子资源中的完整代码。任务 1. 12 液晶屏函数仍然能够用于 Z-Stack 协议栈。

为了让液晶屏正常工作，需要设置编译选项，"C/C ++ Complier" → "Preprocessor" → "Defined symbols"，设置 "LCD_SUPPORTED = xDEBUG" 与 "LCD2UART"，如图 4. 2. 1 所示。其中常量 LCD2UART 用于让串口输出液晶屏显示的字符串。如果想关闭此功能，就将 "LCD2UART" 改成 "xLCD2UART"。

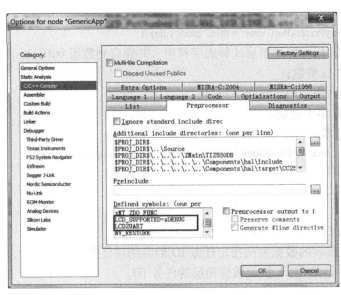

图 4.2.1　编译选项

3．灯的程序设计

本 Zigbee 板使用的灯与 Z-Stack 协议栈使用相同的 I/O 引脚，但程序不相同。因此，需要修改原有程序。灯的程序包括"HAL ＼ Target ＼ CC2530EB ＼ Config ＼ hal_board_cfg. h"、"HAL ＼ Target ＼ CC2530EB ＼ Drivers ＼ hal_led. c"与"hal_led. h"三个文件。只需修改 hal_board_cfg. h 文件两行代码，修改语句结尾均有"// ［lwz］"。

```
01    #define LED1_POLARITY    ACTIVE_LOW    //ACTIVE_HIGH    //[lwz]
02    #define LED2_POLARITY    ACTIVE_LOW    //ACTIVE_HIGH    //[lwz]
```

4．按键的程序设计

本 Zigbee 板使用的按键与 Z-Stack 协议栈使用相同的 I/O 引脚，但程序不相同。因此，需要修改原有程序。按键的程序包括"HAL ＼ Target ＼ CC2530EB ＼ Config ＼ hal_board_cfg. h"、"HAL ＼ Target ＼ CC2530EB ＼ Drivers ＼ hal_key. c"与"hal_key. h"三个文件。由于修改的代码幅度比较大，且修改语句结尾均有"// ［lwz］"，这里不做详细说明，具体请查看电子资源中的完整代码。Z-Stack 协议栈按键常量的用法如表 4.2.2 所示。

```
#define PUSH1_POLARITY    ACTIVE_LOW            //ACTIVE_HIGH    //[lwz]
```

表 4.2.2　按键常量

常量 1	常量 2	功能
HAL_KEY_SW_1	HAL_KEY_UP	向上键
HAL_KEY_SW_2	HAL_KEY_RIGHT	向右键
HAL_KEY_SW_3	HAL_KEY_DOWN	向下键
HAL_KEY_SW_4	HAL_KEY_LEFT	向左键
HAL_KEY_SW_5	HAL_KEY_CENTER	中间键
HAL_KEY_SW_6	—	S1 键

5．串口的程序设计

本 Zigbee 板使用的串口与 Z-Stack 协议栈使用相同的 I/O 引脚。串口程序包括"MT ＼ MT_UART. c"与"MT ＼ MT_UART. h"两个文件。修改语句结尾均有"// ［lwz］"。

（1）关闭串口硬件流

```
#define MT_UART_DEFAULT_OVERFLOW    FALSE    //TRUE    //[lwz] MT_UART. h 文件
```

（2）修改波特率

```
#define MT_UART_DEFAULT_BAUDRATE    HAL_UART_BR_38400    //[lwz] MT_UART. h 文件
```

波特率只能五选一，如表 4.2.3 所示。

表 4.2.3　波特率常量

常量	波特率	常量	波特率
HAL_UART_BR_9600	9600	HAL_UART_BR_57600	57600
HAL_UART_BR_19200	19200	HAL_UART_BR_115200	115200
HAL_UART_BR_38400	38400		

（3）串口通信协议

串口通信协议分五段，分别为帧头、长度、指令、数据与校验，其中帧头是常量，长度是指数据的字节数量，校验是将长度、指令与数据相异或的结果，如表 4.2.4 所示。

#define MT_UART_SOF　　　0xFE　　　//帧头常量 1 字节

表 4.2.4　串口通信协议

格式	帧头	数据长度	指令	数据	校验
字节数量	1	1	2	XX	1
举例	0xFE	06	41 80	01 02 00 02 05 01	C2

（4）设置串口编译选项

"C/C ++ Complier" → "Preprocessor" → "Defined symbols"，设置 "ZTOOL_P1" "xMT_TASK" "xMT_SYS_FUNC" 与 "xMT_ZDO_FUNC"，如图 4.2.2 所示。

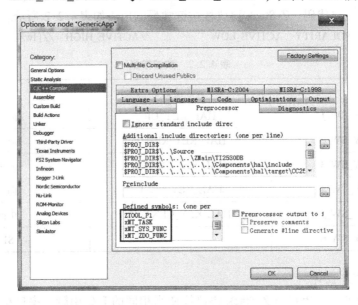

图 4.2.2　编译选项

6. 应用层的程序设计

Z-Stack 协议栈应用层程序包括 "App \ GenericApp. c" 与 "App \ GenericApp. h" 两个文件。

（1）给 GenericApp. c 文件添加串口头文件

01　#include "MT_UART. h"

02　#include "MT. h"

（2）在 GenericApp_Init 函数中初始化串口

01　MT_UartInit();　　　　　　//初始化串口参数

02　MT_UartRegisterTaskID(task_id);　　//串口接收到的数据发往此任务 ID

（3）在 GenericApp_HandleKeys 函数中处理按键事件，添加串口发送程序

01　if (keys & HAL_KEY_UP)　　　HalUARTWrite(0, "UP",2);　　//按向上键

02　if (keys & HAL_KEY_RIGHT)　　HalUARTWrite(0, "RIGHT",5);　　//按向右键

03　if (keys & HAL_KEY_DOWN)　　HalUARTWrite(0, "DOWN",4);　　//按向下键

```
04    if ( keys & HAL_KEY_LEFT )        HalUARTWrite(0, "LEFT", 4);           //按向左键
05    if ( keys & HAL_KEY_CENTER )
06    {
07        HalUARTWrite(0, "CENTER", 6);                                        //按中间键
08        LCD_PutNumber(60, HAL_LCD_LINE_2, 12345, 10, 5, 1);                  //显示整数
09        LCD_PutString( 0, HAL_LCD_LINE_3, " = 1 = A = a = ┌▲3. 11 = ", 1);  //显示字符串
10        LCD_PutString( 0, HAL_LCD_LINE_4, " = 我们有的是 = ", 0);            //显示中英文字符串
11    }
```

（4）刚成功组网时显示物理地址、信道、短地址与 PANID

```
01    uint8 buf[23], i;
02    switch ( MSGpkt - > hdr. event )
03    {
04    case ZDO_STATE_CHANGE: //ZDO 建立绑定关系的网络状态改变事件
             GenericApp_NwkState = (devStates_t)(MSGpkt - > hdr. status);
             if ( (GenericApp_NwkState == DEV_ZB_COORD)        //如果设备为协调器
             || (GenericApp_NwkState == DEV_ROUTER)            //或者设备为路由器
             || (GenericApp_NwkState == DEV_END_DEVICE) )      //或者设备为终端节点
             {//刚刚建立网络, 表示组网成功
05        HalUARTWrite(0, " \ r \ n 物理地址 = ", 11);
06        for( i = 0; i < 8; i ++ )
07        {
08            _ltoa( _NIB. nwkCoordExtAddress[i], &buf[0], 16 );//转成十六进制的字符串
09            HalUARTWrite(0, buf, osal_strlen((char * )buf));  //串口发送
10        }
11        HalUARTWrite(0, " \ r \ n 物理地址 = ", 11);
12        for( i = 8; i > 0; i -- )
13        {
14            _ltoa( aExtendedAddress[ i - 1], &buf[0], 16 );    //转成十六进制的字符串
15            HalUARTWrite(0, buf, osal_strlen((char * )buf));   //串口发送
16        }
17        HalUARTWrite(0, " \ r \ n 信道 = ", 7);
18        _ltoa( _NIB. nwkLogicalChannel, &buf[0], 10 );         //转成十进制的字符串
19        HalUARTWrite(0, buf, osal_strlen((char * )buf));       //串口发送
20        HalUARTWrite(0, " \ r \ n 短地址 = ", 9);
21        _ltoa( _NIB. nwkDevAddress, &buf[0], 16 );             //转成十六进制的字符串
22        HalUARTWrite(0, buf, osal_strlen((char * )buf));       //串口发送
23        HalUARTWrite(0, " \ r \ nPANID = ", 8);
24        _ltoa( _NIB. nwkPanId, &buf[0], 16 );                  //转成十六进制的字符串
25        HalUARTWrite(0, buf, osal_strlen((char * )buf));       //串口发送
26        LCD_PutString( 0, HAL_LCD_LINE_3, "短地址: ", 0);
27        LCD_PutNumber(64, HAL_LCD_LINE_3, _NIB. nwkDevAddress, 16, 4, 0); //LCD 显示短地址
28        LCD_PutString( 0, HAL_LCD_LINE_4, "PANID : ", 0);
29        LCD_PutNumber(64, HAL_LCD_LINE_4, _NIB. nwkPanId, 16, 4, 0);       //LCD 显示 PANID
30        ……
```

```
31  }
```

（5）在 GenericApp_ProcessEvent 函数中添加串口接收显示到液晶屏程序

```
01  uint8 * str = NULL;                          //定义指针用于指向串口数据
02  switch ( MSGpkt - > hdr. event )
03  {
04  case CMD_SERIAL_MSG://接收串口数据事件
05    str = ((mtOSALSerialData_t *)MSGpkt) - >msg;//指针指向串口接收数据
06    LCD_PutString(0, HAL_LCD_LINE_3, "          ", 0);//擦除第3行
07    LCD_PutNumber(  0, HAL_LCD_LINE_3, str[0], 16, 2, 0);//在第3行显示数据
08    LCD_PutNumber( 20, HAL_LCD_LINE_3, str[1], 16, 2, 0);
09    LCD_PutNumber( 40, HAL_LCD_LINE_3, str[2], 16, 2, 0);
10    LCD_PutNumber( 60, HAL_LCD_LINE_3, str[3], 16, 2, 0);
11    LCD_PutNumber( 80, HAL_LCD_LINE_3, str[4], 16, 2, 0);
12    LCD_PutNumber(100, HAL_LCD_LINE_3, str[5], 16, 2, 0);
13    LCD_PutString(0, HAL_LCD_LINE_4, "          ", 0);//擦除第4行
14    LCD_PutNumber(  0, HAL_LCD_LINE_4, str[6], 16, 2, 0); //在第4行显示数据
15    LCD_PutNumber( 20, HAL_LCD_LINE_4, str[7], 16, 2, 0);
16    LCD_PutNumber( 40, HAL_LCD_LINE_4, str[8], 16, 2, 0);
17    LCD_PutNumber( 60, HAL_LCD_LINE_4, str[9], 16, 2, 0);
18    LCD_PutNumber( 80, HAL_LCD_LINE_4, str[10], 16, 2, 0);
19    LCD_PutNumber(100, HAL_LCD_LINE_4, str[11], 16, 2, 0);
20    break;
21  }
```

将协调器程序烧录到 Zigbee 板。电脑的串口助手软件选择正确的串口号，设置波特率为 38400，N，8，1。复位协调器板，串口助手软件显示数据，如图 4.2.3 左边所示，而液晶屏显示数据，如图 4.2.4 所示。分别按上、下、左、右、中键，串口助手软件分别收到"UP"、"DOWN"、"LEFT"、"RIGHT"与"CENTER"字符串。

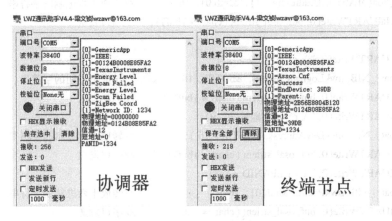

图 4.2.3　协调器与终端节点的串口收发数据

ZigBee Coord
Network ID：1234
短地址：00000
PANID ：1234

图 4.2.4　协调器液晶屏（一）

EndDevice：39DB
Parent：0
短地址：39DB
PANID ：1234

图 4.2.5　终端节点液晶屏（一）

ZigBee Coord
Network ID：FF00
06 41 42 01 02 03
04 05 06 34 00 00

图 4.2.6　协调器液晶屏（二）

EndDevice：C424
Parent：0
06 41 42 01 02 03
04 05 06 07 08 09

图 4.2.7　终端节点液晶屏（二）

关闭串口助手软件，打开图 4.2.8 的 PC 软件，选择正确的串口号、波特率为 38400、校验位为无，点击"打开串口"。按表 4.2.4 的串口通信协议，PC 软件向协调器板发送如图 4.2.8a 中的数据，则液晶屏显示数据如图 4.2.6 所示，其中"34 00 00"是无效的。

将终端节点程序烧录到 Zigbee 板，重复上述操作，如图 4.2.3 右边、图 4.2.5、图 4.2.7 和图 4.2.8b 所示。

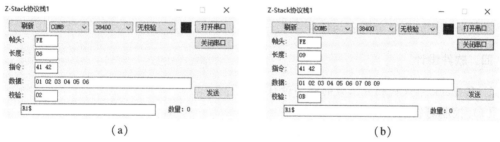

（a）　　　　　　　　　　　　　　　　（b）

图 4.2.8　PC 软件

总结：

（1）**协调器、路由器与终端节点是三个独立的工程项目。上面液晶屏与串口提到的编译选项在这三个工程项目中均要重新设置。**

（2）**本任务讲解 Z-Stack 协议栈处理按键函数 GenericApp_HandleKeys 以及方向键的判断语句。**

（3）**本任务讲解 Z-Stack 协议栈串口接收通信协议、处理串口接收事件 CMD_SERIAL_MSG 以及串口发送函数 HalUARTWrite。**

（4）**本任务讲解 Z-Stack 协议栈的液晶屏显示函数。**

完整程序请参看电子资源之源代码"任务 4.2"。

任务4.3　温湿度开关

一、学习目标

（1）学习 Z-Stack 协议栈单播通信与广播通信的用法。

（2）学习 Z-Stack 协议栈事件与软定时器的用法。

（3）学习 Z-Stack 协议栈远程控制继电器闭合与断开的方法。

（4）学习 Z-Stack 协议栈远程采集温湿度传感器数据的方法。

（5）学习 Z-Stack 协议栈中"工作时序"的编程方法。

二、功能要求

本任务的功能要求是：

（1）利用电脑软件远程检测在线设备。

（2）定时采集传感器的温度与湿度，并上传到电脑软件。

（3）利用电脑软件远程控制 2 路继电器：控制第 1 路继电器实现闭合与断开，控制第 2 路继电器实现"先闭合 3s、再断开 2s、再闭合 5s、最后断开"。

三、电路工作原理

本任务使用的 I/O 分配表与任务 4.2 一样，见表 4.2.1。

四、软件设计

1．Z-Stack 协议栈相关函数的程序设计

（1）控制灯状态

形参：led 是灯的序号，取值范围为 HAL_LED_1（D1 绿灯）、HAL_LED_2（D2 红灯）、HAL_LED_3（黄灯）、HAL_LED_ALL（全部灯）；

　　　mode 是状态，取值范围为 HAL_LED_MODE_OFF（灭）、HAL_LED_MODE_ON（亮）、HAL_LED_MODE_TOGGLE（翻转）。

返回值：所有灯状态。

uint8 HalLedSet(uint8 led, uint8 mode);

（2）控制灯闪烁

形参：leds 是灯的序号，同上；

　　　cnt 是闪烁次数；

　　　duty 是占空比的 100 倍；

　　　time 是周期，单位是 ms。

返回值：无。

void HalLedBlink(uint8 leds, uint8 cnt, uint8 duty, uint16 time);

（3）timeout_value 毫秒后对任务 ID 为 taskID 的应用层启动一次事件 event_id

形参：taskID 是 Z-Stack 协议栈应用层的任务 ID；

　　　event_id 是事件 ID；

timeout_value 是延时时间，单位是 ms。

返回值：成功或失败。

uint8 osal_start_timerEx(uint8 taskID, uint16 event_id, uint16 timeout_value);

（4）无线发射数据

形参：dstAddr 是目标设备短地址、端点地址与无线通信方式；

　　　srcEP 是源端点地址；

　　　cID 是簇 ID；

　　　len 是发送数据的长度；

　　　buf 是发送数据缓冲区的首地址；

　　　transID 是任务 ID；

　　　options 是有效位掩码的发送选项；

　　　radius 是传送跳数。

返回值：无。

afStatus_t AF_DataRequest(afAddrType_t ∗ dstAddr, endPointDesc_t ∗ srcEP,

　　　　　uint16 cID, uint16 len, uint8 ∗ buf, uint8 ∗ transID,

　　　　　uint8 options, uint8 radius);

2. 无线发射数据的程序设计

Z-Stack 协议栈的功能比 basicRF 要强大很多。无线通信方式包括单播、组播与广播三种。本任务主要使用单播与广播两种。

单播是指两个设备之间实现点对点无线通信，包括绑定关系通信与短地址通信两种。绑定关系通信是指两个设备之间建立对应关系，以后通信无须指明对方的短地址，就可以向对方发射无线数据。绑定关系通信被广泛应用于智能家居。短地址通信是向指定短地址的设备发射无线数据。远程控制继电器就是使用短地址通信。

组播是指向组内所有设备发射无线数据。使用前，需要对设备进行分组。

广播是指向无线网络中所有设备发射无线数据。检测设备是否在线就是使用广播。在线设备使用单播方式向协调器回复在线指令。

3. 协调器的程序设计

协调器包括两项功能：一是接收无线数据。如果是检测设备是否在线指令，就按指定格式发向电脑。如果是温湿度传感器数据指令，就按指定格式发向电脑。二是接收电脑发送过来的串口数据。如果是检测设备是否在线指令，就使用广播通信。如果是远程控制继电器指令，就使用短地址单播通信。协调器的串口通信协议如表 4.3.1 所示，无线通信协议如表 4.3.2 所示。

表 4.3.1　协调器的串口通信协议

PC 发送数据（十六进制）	Zigbee 回复数据（十六进制）	功能
FE 04 46 41 FF FF 00 00 03	SH SL 46 41 00 00 00 00 0D 0A	检测设备是否在线指令： SH 表示终端节点短地址高 8 位； SL 表示终端节点短地址低 8 位

PC 发送数据（十六进制）	Zigbee 回复数据（十六进制）	功能
无	SH SL 54 48 TT HH 00 00 0D 0A	远程读取温湿度指令： SH 表示终端节点短地址高 8 位； SL 表示终端节点短地址低 8 位； TT 表示温度； HH 表示湿度；
FE 04 4A 44 SH SL 30 00 DA	无	远程控制第 1 路继电器断开： SH 表示终端节点短地址高 8 位； SL 表示终端节点短地址低 8 位；
FE 04 4A 44 SH SL 31 00 DA	无	远程控制第 1 路继电器闭合： SH 表示终端节点短地址高 8 位； SL 表示终端节点短地址低 8 位；
FE 04 4A 44 SH SL 32 00 DA	无	远程控制第 1 路继电器翻转： SH 表示终端节点短地址高 8 位； SL 表示终端节点短地址低 8 位；
FE 04 4A 44 SH SL 33 TT DA	无	远程控制第 1 路继电器闪烁： SH 表示终端节点短地址高 8 位； SL 表示终端节点短地址低 8 位； TT 表示闪的次数
FE 04 4A 44 SH SL 40 00 DA	无	远程控制第 2 路继电器 SH 表示终端节点短地址高 8 位； SL 表示终端节点短地址低 8 位；

表 4.3.2 无线通信协议

协调器发送数据（十六进制）	终端节点回数据（十六进制）	功能
04 46 41 FF FF 00 00	46 41	检测设备是否在线指令：
无	54 48 TT HH	远程读取温湿度指令： TT 表示温度； HH 表示湿度
04 4A 44 SH SL 30 00	无	远程控制第 1 路继电器断开： SH 表示终端节点短地址高 8 位； SL 表示终端节点短地址低 8 位
04 4A 44 SH SL 31 00	无	远程控制第 1 路继电器闭合： SH 表示终端节点短地址高 8 位； SL 表示终端节点短地址低 8 位

协调器发送数据（十六进制）	终端节点回数据（十六进制）	功能
04 4A 44 SH SL 32 00	无	远程控制第 1 路继电器翻转： SH 表示终端节点短地址高 8 位； SL 表示终端节点短地址低 8 位
04 4A 44 SH SL 33 TT	无	远程控制第 1 路继电器闪 TT 下： SH 表示终端节点短地址高 8 位； SL 表示终端节点短地址低 8 位； TT 表示闪的次数
04 4A 44 SH SL 40 00	无	远程控制第 2 路继电器 SH 表示终端节点短地址高 8 位； SL 表示终端节点短地址低 8 位

（1）定义与初始化短地址通信与广播通信的变量

定义两个全局变量，数据类型为结构体 afAddrType_t，具体程序如下：

```
01    afAddrType_t GenericApp_DstAddr_Point16;
02    afAddrType_t GenericApp_DstAddr_Broadcast;
```

在函数 GenericApp_Init 增加这两个全局变量的初始化，具体程序如下：

```
01    //短地址通信设置
02    GenericApp_DstAddr_Point16. addrMode = (afAddrMode_t) Addr16Bit;        //短地址通信
03    GenericApp_DstAddr_Point16. endPoint = GENERICAPP_ENDPOINT;
04    GenericApp_DstAddr_Point16. addr. shortAddr = 0x0000;                    //发给协调器
05    //广播通信设置
06    GenericApp_DstAddr_Broadcast. addrMode = (afAddrMode_t) AddrBroadcast;   //广播
07    GenericApp_DstAddr_Broadcast. endPoint = GENERICAPP_ENDPOINT;
08    GenericApp_DstAddr_Broadcast. addr. shortAddr = 0xFFFF;                  //全部设备
```

（2）初始化串口与继电器

根据表 4.2.1 可知，P1.0 与 P1.1 输出低电平，令 2 路继电器断开，同时 D1 与 D2 灯被点亮。初始化串口与继电器的程序可放到应用层的初始化函数 GenericApp_Init 中，具体程序如下：

```
01    void GenericApp_Init( uint8 task_id )
02    {
03    ……
04    MT_UartInit();                    //初始化串口参数
05    MT_UartRegisterTaskID(task_id);   //串口接收到的数据发往此任务 ID
06    HalLedSet(HAL_LED_1, HAL_LED_MODE_ON);   //第 1 路继电器断开
07    HalLedSet(HAL_LED_2, HAL_LED_MODE_ON);   //第 2 路继电器断开
```

（3）处理串口接收数据

声明处理串口接收数据的函数，具体程序如下：

```
void GenericApp_ComMSGCB(uint8 * dat);
```

在接收串口数据事件中添加串口处理函数，具体程序如下：

```
01   case CMD_SERIAL_MSG://接收串口数据事件
02   GenericApp_ComMSGCB(((( mtOSALSerialData_t * )MSGpkt) - > msg);
03   break;
```

处理串口接收数据的函数，具体程序如下：

```
01   void GenericApp_ComMSGCB( uint8 * dat)
02   {
03   #if defined ( ZDO_COORDINATOR )                                    //协调器的预编译
04   LCD_PutString(0, HAL_LCD_LINE_3, "                    ", 0);
05   LCD_PutNumber( 0, HAL_LCD_LINE_3, dat[0],16,2,0);//在第3行显示串口接收数据
06   LCD_PutNumber( 20, HAL_LCD_LINE_3, dat[1],16,2,0);
07   LCD_PutNumber( 40, HAL_LCD_LINE_3, dat[2],16,2,0);
08   LCD_PutNumber( 60, HAL_LCD_LINE_3, dat[3],16,2,0);
09   LCD_PutNumber( 80, HAL_LCD_LINE_3, dat[4],16,2,0);
10   LCD_PutNumber(100, HAL_LCD_LINE_3, dat[5],16,2,0);
11   LCD_PutString(0, HAL_LCD_LINE_4, "                    ", 0);
12   LCD_PutNumber( 0, HAL_LCD_LINE_4, dat[6],16,2,0); //在第4行显示串口接收数据
13   uint16 dstaddress = BUILD_UINT16( dat[4], dat[3]);//合并两字节成目标短地址
14   if( dstaddress == 0xFFFF)      //如果目标短地址为0xFFFF,就使用广播通信
15   {//广播通信:检测设备是否在线指令,按表4.3.2无线通信协议发送
16   AF_DataRequest( &GenericApp_DstAddr_Broadcast, &GenericApp_epDesc,
GENERICAPP_CLUSTERID,           //簇ID
dat[0] +3,                      //发送长度
( byte  * )&dat[0],             //发送数组首地址
&GenericApp_TransID,
AF_DISCV_ROUTE, AF_DEFAULT_RADIUS );        //无线发送函数
17   }else{                                      //其他情况就使用短地址通信
18   GenericApp_DstAddr_Point16. addr. shortAddr = dstaddress;//设置目标短地址
19   //短地址通信: 远程控制继电器指令,按表4.3.2无线通信协议发送
20   AF_DataRequest( &GenericApp_DstAddr_Point16, &GenericApp_epDesc,
GENERICAPP_CLUSTERID,                      //簇ID
dat[0] +3,                                 //发送长度
( byte  * )&dat[0],                        //发送数组首地址
&GenericApp_TransID,
AF_DISCV_ROUTE, AF_DEFAULT_RADIUS );       //无线发送函数
21   }
22   #endif
23   }
```

（4）处理无线接收数据

任何设备收到无线数据，都能够查出源目标设备的短地址，即知道是哪个短地址的设备发射过来的无线数据。具体程序如下：

```
01   static void GenericApp_MessageMSGCB( afIncomingMSGPacket_t * pkt )
```

```
02  {
03      uint8    msg[10];
04      uint16 sa = pkt - > srcAddr. addr. shortAddr;          //获取源目标设备的短地址
05      uint8 t2, h2;
06      switch ( pkt - > clusterId )                          //判断簇 ID
07      {
08      case GENERICAPP_CLUSTERID:                            //簇 ID 为 GENERICAPP_CLUSTERID
09  #if defined ( ZDO_COORDINATOR )//如果设备为协调器,就让下面程序加入编译
10      if( pkt - > cmd. Data[0] == 'T' && pkt - > cmd. Data[1] == 'H' ) //远程读取温湿度指令
11      {       //'T' = 0x54, 'H' = 0x48, 根据表 4. 3. 2 无线通信协议为远程读取温湿度指令
12      t2 = pkt - > cmd. Data[2];                            //无线收到数据(数组)的第 2 个元素
13      h2 = pkt - > cmd. Data[3];                            //无线收到数据(数组)的第 3 个元素
14      LCD_PutString( 0, HAL_LCD_LINE_1, "温度 = 00, 湿度 = 00% ", 0);
15      LCD_PutNumber( 40, HAL_LCD_LINE_1, t2, 10, 2, 0);
16      LCD_PutNumber( 104, HAL_LCD_LINE_1, h2, 10, 2, 0);
17      msg[0] = HI_UINT16( sa);                              //SH, 根据表 4. 3. 1  协调器的串口通信协议发向 PC
18      msg[1] = LO_UINT16( sa);                              //SL
19      msg[2] = pkt - > cmd. Data[0];                        //54
20      msg[3] = pkt - > cmd. Data[1];                        //48
21      msg[4] = pkt - > cmd. Data[2];                        //TT
22      msg[5] = pkt - > cmd. Data[3];                        //HH
23      msg[6] = 0x00;
24      msg[7] = 0x00;
25      msg[8] = 0x0D;
26      msg[9] = 0x0A;
27      HalUARTWrite(0, msg, 10);                             //向串口 0 发送 10 个字节的数组 msg
28      }else if( pkt - > cmd. Data[0] == 'F' && pkt - > cmd. Data[1] == 'A' )//检测是否在线指令
29      {//'F' = 0x46, 'A' = 0x41, 根据表 4. 3. 2 无线通信协议为检测是否在线指令
30      msg[0] = HI_UINT16( sa);          //SH, 根据表 4. 3. 1  协调器的串口通信协议发向 PC
31      msg[1] = LO_UINT16( sa);          //SL
32      msg[2] = pkt - > cmd. Data[0];    //46
33      msg[3] = pkt - > cmd. Data[1];    //41
34      msg[4] = 0x00;
35      msg[5] = 0x00;
36      msg[6] = 0x00;
37      msg[7] = 0x00;
38      msg[8] = 0x0D;
39      msg[9] = 0x0A;
40      HalUARTWrite(0, msg, 10);          //向串口 0 发送 10 个字节的数组 msg
41      }
42  #elif defined( RTR_NWK )              //如果设备为路由器,就让下面程序加入编译(无程序)
```

```
43  #else                        //如果设备为终端节点,就让下面程序加入编译
44  ……
45  #endif
```

4. 终端节点的程序设计

终端节点包括两项功能:一是接收无线数据。如果是检测设备是否在线指令,就按指定格式发向协调器。如果是远程控制继电器指令,就控制继电器。二是利用软定时器每隔固定时间从传感器读取温度与湿度,并发向协调器。终端节点的无线通信协议见表 4.3.2。协调器与终端节点使用相同的 C 文件 GenericApp.c,两者程序写在一起。因此,下面部分程序与协调器一样,就无须重复写。

(1) 定义与初始化短地址通信的变量

```
afAddrType_t GenericApp_DstAddr_Point16;
```

在函数 GenericApp_Init 增加这两个全局变量的初始化,具体程序如下:

```
01  //短地址通信设置
02  GenericApp_DstAddr_Point16. addrMode = (afAddrMode_t) Addr16Bit;   //短地址通信
03  GenericApp_DstAddr_Point16. endPoint = GENERICAPP_ENDPOINT;
04  GenericApp_DstAddr_Point16. addr. shortAddr = 0x0000;                //发给协调器
```

(2) 初始化继电器为断开

根据表 4.2.1 可知,P1.0 与 P1.1 输出低电平,令 2 路继电器断开,同时 D1 与 D2 灯被点亮。初始化继电器的程序可放到应用层的初始化函数 GenericApp_Init 中,具体程序如下:

```
01  void GenericApp_Init( uint8 task_id )
02  {
03  ……
04  HalLedSet(HAL_LED_1, HAL_LED_MODE_ON);//第1路继电器断开
05  HalLedSet(HAL_LED_2, HAL_LED_MODE_ON);//第2路继电器断开
```

(3) 处理无线接收数据

GenericApp_MessageMSGCB 函数部分程序如下:

```
01  #else                        //如果设备为终端节点,就让下面程序加入编译
02  if( pkt -> cmd. Data[1] == 'J'   && pkt -> cmd. Data[2] == 'D'   && pkt -> cmd. Data[5] == '0')
03  {//'J' = 0x4A, 'D' = 0x44, '0' = 0x30,按表 4.3.2 无线通信协议,控制第 1 路继电器断开
04  HalLedSet(HAL_LED_1, HAL_LED_MODE_ON);
05  }else if( pkt -> cmd. Data[1] == 'J'        &&        pkt -> cmd. Data[2] == 'D'        && pkt ->
cmd. Data[5] == '1')
06  {//'J' = 0x4A, 'D' = 0x44, '1' = 0x31,按表 4.3.2 无线通信协议,控制第 1 路继电器闭合
07  HalLedSet(HAL_LED_1, HAL_LED_MODE_OFF);
08  }else if( pkt -> cmd. Data[1] == 'J'        &&        pkt -> cmd. Data[2] == 'D'        && pkt ->
cmd. Data[5] == '2')
09  {//'J' = 0x4A, 'D' = 0x44, '2' = 0x32,按表 4.3.2 无线通信协议,控制第 1 路继电器翻转
10  HalLedSet(HAL_LED_1, HAL_LED_MODE_TOGGLE);
11  }else if( pkt -> cmd. Data[1] == 'J'        &&        pkt -> cmd. Data[2] == 'D'        && pkt ->
cmd. Data[5] == '3')
12  {//'J' = 0x4A, 'D' = 0x44, '3' = 0x33,按表 4.3.2 无线通信协议,控制第 1 路继电器闪烁
```

13　HalLedBlink(HAL_LED_1, pkt − >cmd. Data[6], 20, 1000);

14　}else if(pkt − >cmd. Data[1] == 'J'　　　&&　　　pkt − >cmd. Data[2] == 'D'　　　&& pkt − >

cmd. Data[5] == @ ')

15　{//' J' = 0x4A, 'D' = 0x44, @ ´= 0x40, 按表 4. 3. 2 无线通信协议, 控制第 2 路继电器

16　jdq2_step = 0;

17　osal_start_timerEx (GenericApp_TaskID,

　　　　　　　　　　GENERICAPP_JDQ2_MSG_EVT,

　　　　　　　　　10);//启动定时器, 触发第 2 路继电器的事件

18　}else if(pkt − >cmd. Data[1] == 'F' && pkt − >cmd. Data[2] == 'A')

19　{//' F' = 0x46, 'A' = 0x41, 按表 4. 3. 2 无线通信协议, 回复设备在线指令

20　msg[0] = 'F';

21　msg[1] = 'A';

22　GenericApp_DstAddr_Point16. addr. shortAddr = 0x0000;//协调器短地址为恒定值

23　AF_DataRequest(&GenericApp_DstAddr_Point16, &GenericApp_epDesc,

　　　　　　　　　　GENERICAPP_CLUSTERID,

　　　　　　　　　　2,

　　　　　　　　　　(byte ∗)msg,

　　　　　　　　　　&GenericApp_TransID,

　　　　　　　　　　AF_DISCV_ROUTE, AF_DEFAULT_RADIUS); //无线发送函数

24　}

24　#endif

（4）定义软定时器的事件常量与时间常数

Z-Stack 协议栈利用定时器可完成周期性工作。每份工作需要自己的事件。事件类型为 16 位整数。每个事件占不同的二进制位。可见, Z-Stack 协议栈最多拥有 16 个事件。软定时器像定时器一样, 设置定时时间后, 就会执行一次工作。

01　#define GENERICAPP_SEND_MSG_EVT　　　　　　0x0001　　　//事件常量 1:读取温湿度传感器

02　#define GENERICAPP_JDQ2_MSG_EVT　　　　　　0x0004　　　//事件常量 2:第 2 路继电器

03　#define GENERICAPP_SEND_MSG_TIMEOUT　　　5000　　　//时间常数, 单位是 ms

（5）刚刚建立无线网络时, 触发软定时器, 用于读取温湿度传感器数据

在 GenericApp_ProcessEvent 函数捕捉到刚刚建立无线网络的事件, 具体程序如下:

01　case ZDO_STATE_CHANGE://ZDO 建立绑定关系的网络状态改变事件

02　GenericApp_NwkState = (devStates_t)(MSGpkt − >hdr. status);//读取设备类型

03　if ((GenericApp_NwkState == DEV_ZB_COORD)　　　　// 如果设备类型为协调器

　　　 || (GenericApp_NwkState == DEV_ROUTER)　　　　// 或者设备类型为路由器

　　　 || (GenericApp_NwkState == DEV_END_DEVICE)) // 或者设备类型为终端节点

04　{//刚刚建立网络

05　osal_start_timerEx(GenericApp_TaskID,　　　　　　　　//任务 ID

　　　　　　　　　　GENERICAPP_SEND_MSG_EVT,　　　　//事件常量 1

　　　　　　　　　　GENERICAPP_SEND_MSG_TIMEOUT);　 //启动软定时器

06　}

（6）捕捉温湿度传感器的定时事件

在 GenericApp_ProcessEvent 函数捕捉到软定时器的定时事件, 具体程序如下:

```
01    if ( events & GENERICAPP_SEND_MSG_EVT )//变量 events 与事件常量 1 相与不为 0
02    {
03    GenericApp_SendTheMessage( );//读取温湿度传感器数据, 并无线发射给协调器
04    osal_start_timerEx ( GenericApp_TaskID,
                      GENERICAPP_SEND_MSG_EVT,        //触发事件常量 1
                      GENERICAPP_SEND_MSG_TIMEOUT )://启动软定时器, 触发下一次定时
05    //根据任务 1.6 表 1.6.7 取反运算, 令变量 events 与事件常量相异或变成 0
06    return ( events ^ GENERICAPP_SEND_MSG_EVT);        //令定时事件 1 只生效一次
07    }
```

(7) 发射无线数据

```
01    static void GenericApp_SendTheMessage( void )
02    {
03    #if defined ( ZDO_COORDINATOR )//如果设备为协调器, 就让下面程序加入编译
04    #elif defined( RTR_NWK )   //如果设备为路由器, 就让下面程序加入编译(无程序)
05    #else                //如果设备为终端节点, 就让下面程序加入编译
06    uint8 t1, h1, msg[4];
07    if( DHT11_Init( ) == 0)        //判断是否存在 DHT11
08    {
09    DHT11_Read_Data( &t1, &h1);//读取温湿度值
10    if( t1! = 0 && h1! = 0)
11    {
12    temperature = t1;
13    humidity = h1;
14    }
15    msg[0] = 'T';
16    msg[1] = 'H';
17    msg[2] = temperature;
18    msg[3] = humidity;
19    LCD_PutString( 0, HAL_LCD_LINE_3, "温度 =        ℃", 0);
20    LCD_PutNumber(40, HAL_LCD_LINE_3, temperature, 10, 3, 0);
21    LCD_PutString( 0, HAL_LCD_LINE_4, "湿度 =        % ", 0);
22    LCD_PutNumber(40, HAL_LCD_LINE_4, humidity, 10, 3, 0);
23    GenericApp_DstAddr_Point16. addr. shortAddr  = 0x0000;//协调器短地址为恒定值
24    //按表 4.3.2 无线通信协议, 远程读取温湿度指令
25    AF_DataRequest( &GenericApp_DstAddr_Point16, &GenericApp_epDesc,
                      GENERICAPP_CLUSTERID,
                      4,
                      (byte * )msg,
                      &GenericApp_TransID,
                      AF_DISCV_ROUTE, AF_DEFAULT_RADIUS ); //无线发送函数
26    }
27    #endif
28    }
```

（8）捕捉第 2 路继电器的定时事件

根据本任务第三点功能要求的工作时序，完成第 2 路继电器。Z-Stack 协议栈没有延时函数，但是从 basicRF 无线通信程序移植两个延时函数：微秒级延时函数 halMcuWaitUs 与毫秒级延时函数 halMcuWaitMs。可以利用这两个延时函数完成传感器读写时序。

为什么 Z-Stack 协议栈没有延时函数？因为 Z-Stack 协议栈是一个多任务轮询式操作系统。这些任务可以从 app/OSAL_GenericApp. c 文件中查找。在该文件中，指针变量 tasksArr 每个元素就是任务函数名称，而 osalInitTasks 函数中调用的函数一一对应这些任务的初始化函数。例如，GenericApp_Init 函数是应用层的初始化函数，GenericApp_ProcessEvent 函数是应用层的任务函数。为了令 Z-Stack 协议栈正常工作，要求每隔一段时间执行一次所有任务。如果间隔时间越短，Z-Stack 协议栈就越流畅，各任务就越快响应操作。例如，GenericApp_ProcessEvent 任务函数用于处理无线接收。如果响应时间很长，表明很久才完成一次无线接收。因此，Z-Stack 协议栈没有提供延时函数。用户编程就不会编写消耗时间长的程序。

因此，Z-Stack 协议栈编程不能使用消耗时间长的程序，更不能使用像"while（1）"或"for（;;）"这类死循环语句。

本任务要求第 2 路继电器实现"先闭合 3s、再断开 2s、再闭合 5s、最后断开"。完成一次工作时序需要 10s 时间，这属于消耗时间长的程序。因此，不能使用以下程序：

```
01  HalLedSet(HAL_LED_2, HAL_LED_MODE_OFF);        //继电器闭合
02  halMcuWaitMs(3000);
03  HalLedSet(HAL_LED_2, HAL_LED_MODE_ON);         //继电器断开
04  halMcuWaitMs(2000);
05  HalLedSet(HAL_LED_2, HAL_LED_MODE_OFF);        //继电器闭合
06  halMcuWaitMs(5000);
07  HalLedSet(HAL_LED_2, HAL_LED_MODE_ON);         //继电器断开
```

为了实现上述工作时序，可使用事件与软定时器完成。"工作时序"这种编程思想是将原来的延时函数删除，将前后代码划分为不同工序，还要为这个工作时序定义独立事件常量，并将延时时间改为软定时器。

第 2 路继电器的工作时序划分：

第一道工序：继电器闭合，启动软定时器，定时时间为 3000ms。

第二道工序：继电器断开，启动软定时器，定时时间为 2000ms。

第三道工序：继电器闭合，启动软定时器，定时时间为 5000ms。

第四道工序：继电器断开。

在 GenericApp_ProcessEvent 函数捕捉到软定时器的定时事件，具体程序如下：

```
01  #else                    //如果设备为终端节点,就让下面程序加入编译
02  if ( events & GENERICAPP_JDQ2_MSG_EVT ) //变量 events 与事件常量 2 相与不为 0
03  {
04    switch(jdq2_step)      //工序序号
05    {
06    case 0:                //第一道工序
07      jdq2_step = 1;       //跳到下一道工序
```

```
08        HalLedSet(HAL_LED_2, HAL_LED_MODE_OFF);      //继电器闭合
09  osal_start_timerEx( GenericApp_TaskID, GENERICAPP_JDQ2_MSG_EVT, //触发事件2
        3000 );//3000ms 后再启动定时器
10        break;
11    case 1://第二道工序
12      jdq2_step = 2;//跳到下一道工序
13        HalLedSet(HAL_LED_2, HAL_LED_MODE_ON);        //继电器断开
14  osal_start_timerEx( GenericApp_TaskID, GENERICAPP_JDQ2_MSG_EVT, //触发事件2
2000 );//2000ms 后再启动定时器
15        break;
16    case 2://第三道工序
17      jdq2_step = 3;//跳到下一道工序
18        HalLedSet(HAL_LED_2, HAL_LED_MODE_OFF);        //继电器闭合
19  osal_start_timerEx( GenericApp_TaskID, GENERICAPP_JDQ2_MSG_EVT, //触发事件2
5000 );//5000ms 后再启动定时器
20        break;
21    case 3://第四道工作
22        HalLedSet(HAL_LED_2, HAL_LED_MODE_ON);//继电器断开
23        break;
24    }
25    return ( events ^ GENERICAPP_JDQ2_MSG_EVT);//令定时事件2只生效一次
26  }
27  #endif
```

准备三块 Zigbee 板，第一块烧录协调器程序，其余烧录终端节点程序。这三块 Zigbee 板的液晶屏显示如图 4.3.1～图 4.3.3 所示。打开 PC 软件，选择协调器的串口号，设置波特率为 38400、校验位为无，如图 4.3.4 所示。点击"在线检测"，过一会，在左侧下拉列表框就显示各终端节点的短地址。选择短地址，可以查看该设备的温度与湿度，也可以利用"灭"、"亮"、"翻转"与"闪"四个按钮远程控制第 1 路继电器。

ZigBee Coord	EndDevice：C424	EndDevice：A182
Network ID：FF00	Parent：0	Parent：0
短地址：00000	温度 = 018 ℃	温度 = 018 ℃
PANID：FF00	湿度 = 030 %	湿度 = 030 %

图 4.3.1 协调器液晶屏　　图 4.3.2 终端节点液晶屏（一）　　图 4.3.3 终端节点液晶屏（二）

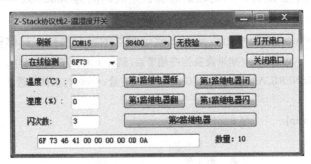

图 4.3.4 PC 软件

总结：

（1）单播通信与广播通信均使用 AF_DataRequest 函数实现无线发送，区别是通信结构体变量 afAddrType_t 的一级变量 addrMode 取值。

（2）软定时器包括事件与定时时间，使用 osal_start_timerEx 函数启动一次软定时器。

（3）处理无线接收数据时，可以获取源目标设备的短地址与无线收到数据。

（4）如果烧录 Z-Stack 协议栈程序后，Zigbee 板运行有问题，请用 SmartRF Flash Programmer 软件擦除芯片的程序储存器，再重新烧录程序。

（5）学习 Z-Stack 协议栈中"工作时序"的编程方法。

完整程序请参看电子资源之源代码"任务 4.3"。

参考文献

[1] 张洋，刘军，严汉宇，等. 原子教你玩 STM32（库函数版）[M]. 2 版. 北京：北京航空航天大学出版社，2015.

[2] 杨瑞，董昌春. CC2530 单片机技术与应用 [M]. 北京：机械工业出版社，2016.

[3] 廖建尚. 物联网平台开发及应用：基于 CC2530 和 Zigbee [M]. 北京：电子工业出版社，2016.

[4] 姜仲，刘丹. 基于 CC2530 的无线传感网技术 [M]. 北京：清华大学出版社，2014.

[5] 葛广英，葛菁，赵云龙. Zigbee 原理、实践及综合应用 [M]. 北京：清华大学出版社，2015.

[6] 王小强，欧阳骏，黄宁淋. Zigbee 无线传感器网络设计与应用 [M]. 北京：化学工业出版社，2012.

[7] 刘文华. Zigbee 网络组建技术 [M]. 北京：电子工业出版社，2017.

[8] 高守玮，吴灿阳. Zigbee 技术实践教程：基于 CC2430/31 的无线传感器网络解决方案 [M]. 北京：北京航空航天大学出版社，2009.

[9] 瞿雷，刘盛德，胡咸斌. ZigBee 技术及应用 [M]. 北京：北京航空航天大学出版社，2007.

[10] 蒋挺，赵成林. 紫蜂技术及其应用 [M]. 北京：北京邮电大学出版社，2006.

[11] 王静霞. 单片机应用技术（C 语言版）[M]. 3 版. 北京：电子工业出版社，2015.